PLATYCERIUM

박쥐란 원종 도감

일러두기

1. '후주'는 녹색으로, '용어 후주'는 갈색으로 각각 표기하였다. 예) 후주[10], 용어 후주[10]

2. 이 책은 최근 학계에서 일반적으로 인정되는 15종의 박쥐란 원종을 포함하여, 원종 분류 체계에 속하는 총 18종의 정보와 특성을 자세히 수록하였다. 학명은 세계생물다양성정보기구(GBIF)의 분류 기준을 따랐으며, 정보 전달의 구체성을 높이기 위해 국제식물명색인(IPNI)의 분류 기준도 함께 제시하였다.

3. 박쥐란을 뜻하는 'Platycerium'의 영어식 발음은 '플라티세리움'이지만 국립국어원 《외래어 표기 용례집》의 라틴어 표기 원칙에 따라 '플라티케리움'으로 하였다.

4. 박쥐란은 국내 자생종이 아니며 도입 및 보급의 역사가 비교적 짧아, 이에 특화된 용어 체계가 학술적으로 정립되어 있지 않고, 관련 용어에 대한 공식적인 규약 또한 마련되어 있지 않다. 이러한 용어 사용의 혼란은 해외의 경우에도 유사하게 나타난다. 형태학적으로 영양엽은 '기저엽', 생식엽은 '본엽'으로 지칭하는 것이 개념상 더 적절할 수 있으나, 이 책에서는 일반적으로 통용되는 '영양엽' 및 '생식엽'이라는 명칭을 기준으로 용어를 통일하였다.

5. '잎의 형태 평면도'는 다음 논문에 실린 삽화를 복원하여 재수록하였다. Hennipman, E., & Roos, M. C. (1982). *A monograph of the fern genus Platycerium (Polypodiaceae)*.

The Wild Species Illustrated
PLATYCERIUM
박쥐란 원종 도감

김현웅 글 | 신주현 그림

미디어샘

How to Use This Book
이 책을 보는 법

자생지 지도
Distribution map
박쥐란의 자생지 분포를 보여주는 지도. 진한 색 바탕이 자생지이다.

잎의 형태 평면도
Frond type
박쥐란의 생식엽과 영양엽의 형태를 이해하기 쉽게 평면으로 보여주는 삽화

학명
Scientific name
식물을 학문적으로 부르는 공식 이름 라틴어로 표기하며 국제적으로 통용된다.

출처
Source
학명이 처음 발표된 문헌과 연도 이름의 근거가 되는 최초 기록이다.

명명자
Combining author
현재의 학명을 확립하여 최초로 출판을 통해 해당 종명을 기술한 사람

원명자
Publishing author
학명이 확립되기 이전, 최초의 학명을 유효하게 출판하여 해당 종명을 처음으로 기술한 사람

제안자
Ex author
과거에 명명된 식물을 인용하여 새로운 학명을 제안할 때 인용된 사람 명명자나 원명자 앞에 제안자를 두고 "ex"를 표기한다.

UPOV
UPOV status
국제식물신품종보호연맹 등록 여부 _233p

IPNI 분류
IPNI record
국제식물명색인에 등록된 식물 학명 분류 데이터 _230p

박쥐란 삽화
Platycerium illustration
박쥐란 원종의 형태적 특징을 보여주는 세밀화

PLATYCERIUM

이 책에서는 원종 분류 체계에 속하는 총 18종의 정보와 특성을 다루었다. 원종을 소개하는 페이지에서는 일러스트 세밀화를 통해 각 원종의 형태적 특징을 정확하게 보여주었으며, 원종의 학명은 GBIF 분류 데이터베이스 기준을 적용하였고, 출처 및 명명자, 원명자, 제안자, UPOV 등록 유무와 IPNI 분류명을 수록하였으며, 생식엽과 영양엽의 형태, 자생지 분포 지도를 담아 이해를 도왔다.

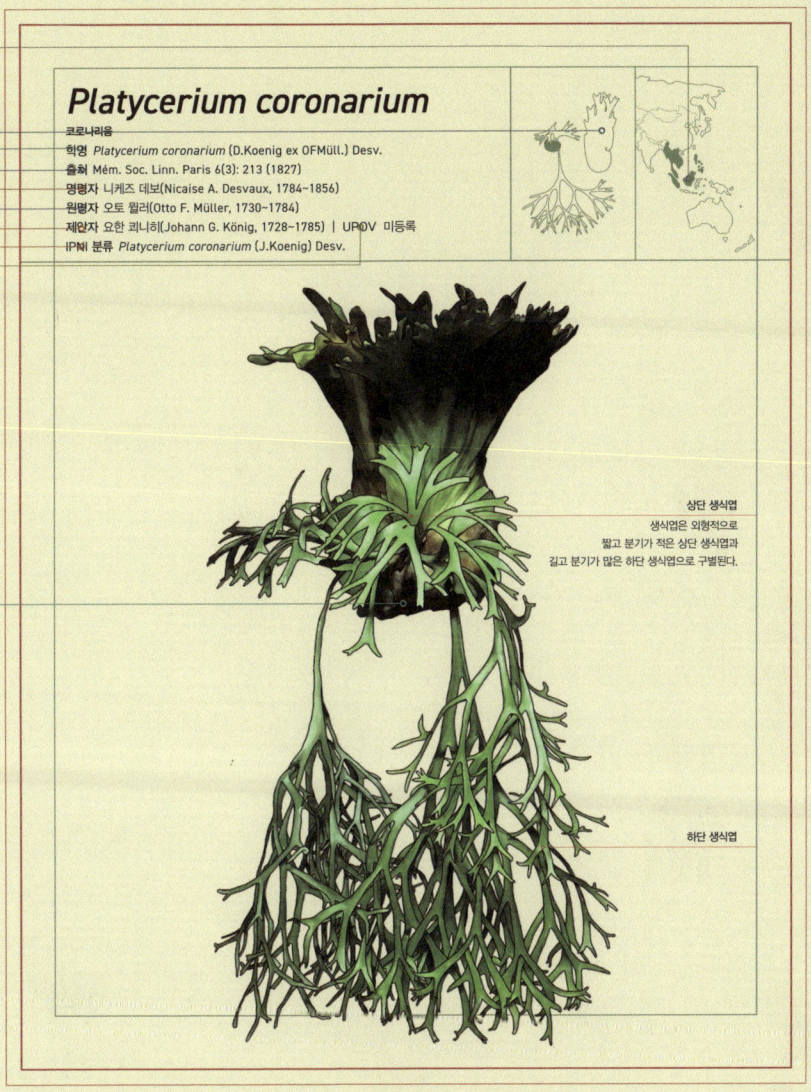

Platycerium coronarium

코로나리움
학명 Platycerium coronarium (D.Koenig ex OFMüll.) Desv.
출처 Mém. Soc. Linn. Paris 6(3): 213 (1827)
명명자 니케즈 데보(Nicaise A. Desvaux, 1784–1856)
원명자 오토 뮐러(Otto F. Müller, 1730–1784)
제안자 요한 쾨니히(Johann G. König, 1728–1785) | UPOV 미등록
IPNI 분류 Platycerium coronarium (J.Koenig) Desv.

상단 생식엽
생식엽은 외형적으로 짧고 분기가 적은 상단 생식엽과 길고 분기가 많은 하단 생식엽으로 구별된다.

하단 생식엽

예시

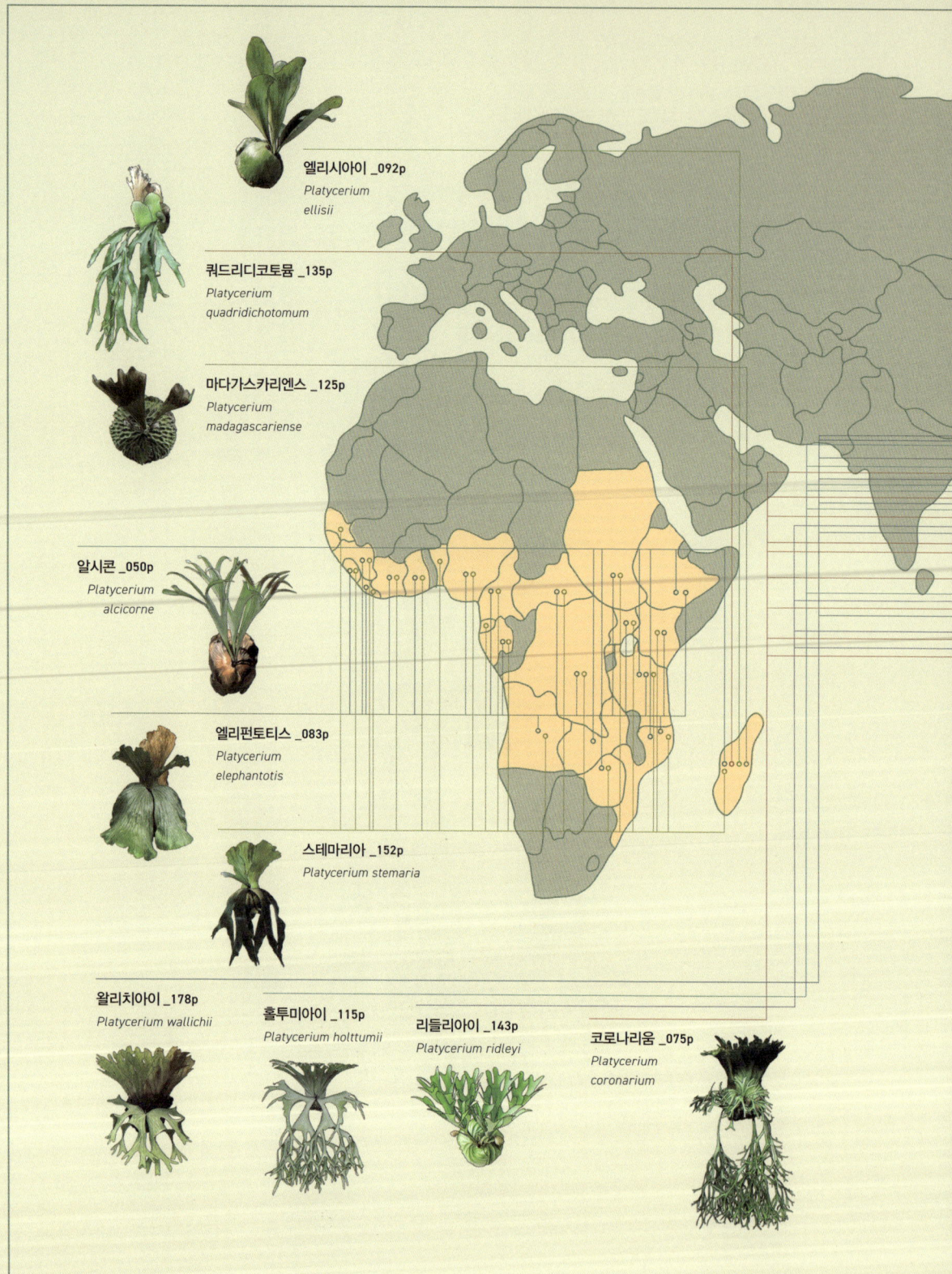

PLATYCERIUM

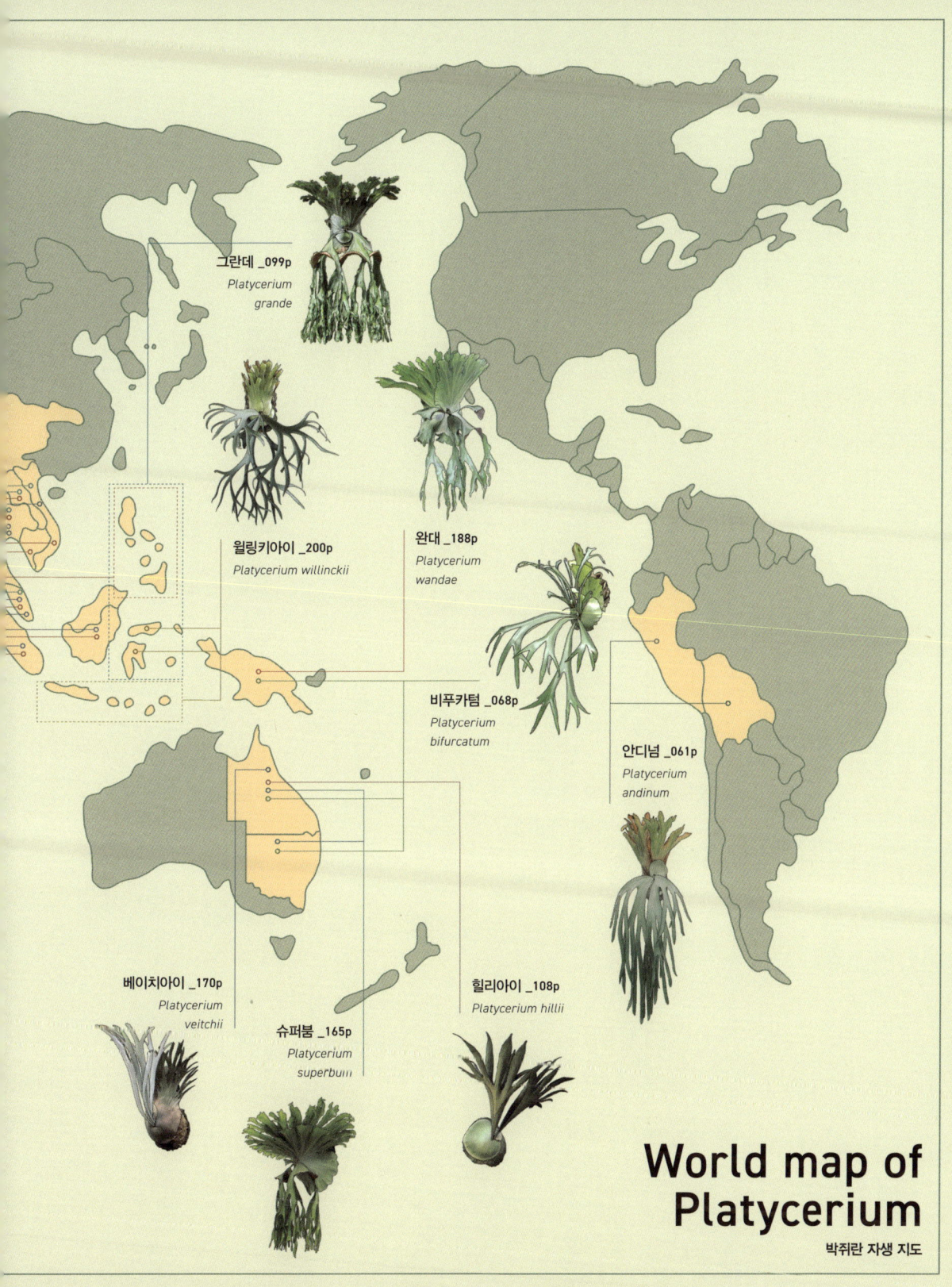

contents

Chapter 1
The World of Platycerium 박쥐란이란 무엇일까

이 책을 보는 법	004
프롤로그	010
참고문헌	208
후주	218
용어 후주	228

학명에 대하여	014
박쥐란의 분류	015
박쥐란의 구조	017
영양엽 sterile fronds	017
생식엽 fertile fronds	017
뿌리 roots	020
뿌리줄기 rhizome	020
생장점 bud	020
성상모 stellate hair	021
포자낭군 sorus	021
분기 branch	023
자구 pups	025
박쥐란의 생태	026
착생하는 식물, 박쥐란	026
박쥐란의 다양한 형태	027
환경 적응력을 위한 성상모	037
뿌리를 키우는 영양엽	039
포자로 번식하는 박쥐란	039
식물의 광합성	041
박쥐란의 대사	043

Chapter 2
Species of Platycerium 박쥐란의 종류

박쥐란 자생 지도	006
박쥐란의 구조	018
박쥐란의 성상모	019
박쥐란의 분기 패턴	022
자구 생성 박쥐란 종	024
박쥐란의 영양엽	028
박쥐란의 구형 군생	032
박쥐란의 바구니형 군생	033
박쥐란의 고리형 군생	034
단독형 박쥐란	035
박쥐란의 세대교번	038
박쥐란 발표 연표	048
알시콘 '아프리카'	058
홀투미아이의 영양엽	120
마다가스카리엔스의 공생	130
쿼드리디코토뭄의 휴면	140
로렌티아이	162
완대의 영양엽	196

박쥐란속 종의 유래	046
박쥐란의 종류	050
알시콘 Platycerium alcicorne	050
안디넘 Platycerium andinum	061
비푸카텀 Platycerium bifurcatum	068
코로나리움 Platycerium coronariu	075
엘리펀토티스 Platycerium elephantotis	083
엘리시아이 Platycerium ellisii	092
그란데 Platycerium grande	099
힐리아이 Platycerium hillii	108
홀투미아이 Platycerium holttumii	115
마다가스카리엔스 Platycerium madagascariense	125
쿼드리디코토뭄 Platycerium quadridichotomum	135
리들리아이 Platycerium ridleyi	143
스테마리아 Platycerium stemaria	152
슈퍼붐 Platycerium superbum	165
베이치아이 Platycerium veitchii	170
왈리치아이 Platycerium wallichii	178
완대 Platycerium wandae	188
윌링키아이 Platycerium willinckII	200

prologue

박쥐란, 그 신비의 이름을 따라

사슴뿔을 닮은 신비로운 식물, 박쥐란. '신비롭다'는 말보다 이 식물을 잘 담아내는 말이 또 있을까? 박쥐란은 서로 다른 두 가지 형태의 잎을 지녔다. 이 잎들은 마치 장인의 손길에서 태어난 정교한 기계처럼 저마다의 역할을 충실히 수행하며, 생명이라는 놀라운 작품을 완성해간다. 자생지의 환경에 맞춰 섬세하게 빚어진 외형은 생존과 번식을 위한 진화의 발자취이며, 그 하나하나가 애호가들의 시선을 사로잡고 수집의 열정을 일으킨다.

박쥐란의 학명은 '플라티케리움 Platycerium Desv'으로, 고대 그리스어로 '넓다'를 뜻하는 'πλατύς platýs'와 '뿔'을 의미하는 'κέρας kéras'가 합쳐진 이름이다.[1]

식물은 학명으로 불리기도 하지만, 많은 경우 통속명'으로 더 널리 알려져 있다. 박쥐란 역시 세계 곳곳에서 다양한 이름으로 전해진다. 국내에서는 '박쥐란', 해외에서는 '스태그혼 펀 staghorn fern, 사슴뿔 양치식물' 등으로 불린다. 하나의 식물이 여러 이름을 갖게 된 이유는 바라보는 이들의 시선이 달랐기 때문일 것이다. 공

어원	πλατύς (platýs, 넓은, 고대 그리스어) + κέρας (kéras, 뿔, 고대 그리스어)
탈락·변형	platýs → '-s' 탈락 → platy- kéras → '-as' 탈락 → ker- → 라틴식 음운 변형으로 cer-
연결 모음	'-i-' (합성 시 삽입되는 모음, 의미 변화 없음)
어미	'-um' (형용사 어미, 중성 주격 단수, 2변화)
결합	platy- + cer- + -i- + -um → platycerium
의미	'넓은 뿔 같은'

박쥐란의 어원

중에 드리운 잎에서 박쥐의 날개를 연상한 이도 있었을 것이고, 우아하게 갈라진 생식엽에서 사슴의 뿔을 떠올린 이도 있었을 것이다. 또한 박쥐란을 처음 접한 사람들은 '-란'이라는 어미와 나무에 착생하는 생태적 특성 때문에 이 식물을 난초나 착생란의 일종으로 오해하기도 한다. 그러나 박쥐란은 난초가 아닌, 고사리와 같은 양치식물이다.

박쥐란은 통상적으로 알려진 18종의 원종 외에도, 자연적으로 분화한 아종[2]들과 육종가[3]들의 노력으로 탄생한 수많은 품종[4]들을 포함한다. 현재도 세계 곳곳에서 새로운 품종이 꾸준히 만들어지고 있으며, 많은 이들의 관심과 교류 속에서 박쥐란 문화는 국경을 넘어 전 세계로 확산되고 있다.

코로나19 팬데믹 이후 반려식물에 대한 관심이 높아지면서 식물 전반의 수요 또한 증가하였다. 박쥐란 역시 이러한 흐름 속에서 점차 주목을 받게 되었으며, 늘어나는 관심과 함께 초심자의 유입도 꾸준히 이어지고 있다. 그러나 국내에서는 여전히 박쥐란에 관한 정확한 정보가 부족하다. AI를 비롯해 SNS와 온라인 커뮤니티를 통해 다양한 정보를 손쉽게 접할 수 있지만, 초심자의 입장에서는 그 가운데서 정확하고 신뢰할 만한 내용을 가려내기가 쉽지 않다.

나 역시 예외는 아니었다. 처음 박쥐란의 세계에 발을 들였을 때, 앞길은 수많은 장애물로 가로막혀 있었다. 올바른 길을 안내해줄 길잡이가 필요했고, 함께 나아갈 동료가 절실했다. 수많은 시행착오 끝에 마침내 험난한 길의 끝자락에

닿았을 때, 그 너머에는 또 다른 난관이 기다리고 있었다. 지나온 길을 돌아보면, 그 길 위에는 언제나 나와 같은 마음으로 서 있는 이들이 있었다. 나는 그들이 앞으로 나아갈 길 위에 작은 이정표를 세우고, 등불을 건네고자 한다. 이 책이 박쥐란이라는 길을 걸으려는 모든 이들에게 그런 동반자가 되기를 바란다.

그동안 쉽게 접하기 어려웠던 박쥐란의 아름답고 신비로운 이야기와, 그에 얽힌 지식을 보다 정확하고 충실하게 전하고자 한다. 이 글이 누군가에게는 새로운 식물과의 첫 만남이 되고, 또 다른 누군가에게는 박쥐란이라는 세계를 심도 있게 들여다보는 계기가 되기를 바란다. 작은 이야기가 조용히 피어나 언젠가 또 하나의 문화를 일구어가는 씨앗이 되기를 소망해본다. 그리고 언제나 변함없이 나를 지지해주는 아내와 가족들에게 깊이 감사드린다.

김현웅

Chapter 1
The World of Platycerium
박쥐란이란 무엇일까

학명에 대하여

박쥐란을 소개하기에 앞서, 박쥐란의 이름을 규정하는 학명에 대해 알아둘 필요가 있다. 이 장에서는 학명의 정의를 간단하게 소개한다. 학명scientific name이란 학술적 편의를 위해 국가마다 다른 생물의 이름을 동일하게 통일하기 위해 생물의 분류군에 부여된 계통분류학[5]적 이름을 말한다. 식물의 학명은 〈조류, 균류 및 식물에 대한 국제명명규약ICN〉[6]의 원칙 및 권고사항에 따라 부여되며, 학명의 적용과 관련하여 발생하는 논쟁도 이 규약에 따라 정리된다.[2] 생물의 '종species'에 대한 학명은 1753년 스웨덴 식물학자 칼 폰 린네Carl von Linné가 출간한 《식물의 종Species Plantarum》에서 기술한 속명과 종소명을 나열한 '이명법'이 적용된다.[3] 또한, 특정 국가에 치우치지 않는 중립적 언어인 라틴어를 사용한다.

학명을 표기할 때는 오른쪽으로 기울인 이탤릭체를 사용하며, 속명의 첫 글자는 알파벳 대문자로, 종소명은 알파벳 소문자로 표기한다. 식물의 경우, 속명과 종소명 뒤에 '명명자'의 이름까지 붙여야 하며, 통상적으로 출판 연도까지 표기하지만, 출판 연도 표기는 생략해도 무방하다.

명명자는 해당 종의 이름을 처음 명명한 사람이 아니라, 가장 먼저 출판을 통해 해당 종명을 기술한 사람을 의미하며, 이는 〈조류, 균류 및 식물에 대한 국제명명규약〉의 제1부 원칙3인 '출판의 선취권'에 의해 규정된다. 또한, 학명을 표기할 때 이전에 다른 학명으로 출판된 기록이 있는 식물은, 해당 학명 또는 그 이름의 종소명이 유지될 경우, 해당 식물의 학명을 최초로 기술한 사람의 이름을 '명명자' 앞에 괄호를 사용하여 '원명자'로 명시해야 한다. 명명법과 무관하게 과거에 명명된 식물을 인용하여, 명명법상 새로운 제안으로 학명을 부여한 경우에는 인용한 '명명자'의 이름을 '제안자'로 명시하고, 그 뒤에 "ex"를 붙여 자신의 이름 앞에 표기해야 한다.

Platycerium grande (A.Cunn. ex Hook.) J.Sm. (1841)
[속명]　　[종소명]　　[제안자]　　[원명자]　[명명자]　[연도]

학명을 약식으로 표기할 때는, 속명의 첫 글자만 대문자로 남기고 마침표를 붙인 뒤 한 칸을 띄우며, 종소명은 그대로 적어 전체를 이탤릭체로 표기한다. 〈조류, 균류 및 식물에 대한 국제명명규약〉에서는 마침표 뒤 공백에 대한 명시적 규정은 없지만, 일반적인 학술 관행에서는 가독성을 높이기 위해 한 칸을 띄우는 방식이 널리 사용된다. 또한, 정식 학명에 포함되는 명명자 이름과 출판 연도는 약식 표기에서는 생략하는 것이 일반적이다.

Platycerium grande (A.Cunn. ex Hook.) J.Sm. (1841) → 약식 표기 : *P. grande*

박쥐란의 분류

과거에는 식물 관련 기관에서 계통분류학상 특정 분류체계만을 사용하여 식물을 분류했지만, 최근에는 특정 분류체계에 의존하기보다는, 생물학적 분류 데이터베이스를 기반으로 한 독자적인 시스템으로 식물을 분류하는 것이 일반적이

기관	적용 분류체계	계 Kingdom	문 division	강 Class	목 Order	과 Family	속 Genus
NARIS (국내)	Engler system	식물계 Plantae	양치식물문 Pteridophyta	고사리강 Polypodiopsida	고사리목 Polypodiales	고란초과 Polypodiaceae	박쥐란속 Platycerium
GBIF (해외)	NCBI taxonomy	식물계	유관속식물문 Tracheophyta	고사리강	고사리목	고란초과	박쥐란속

박쥐란 생물 분류표

다. 이러한 시스템들은 학문적 영역에서 추구하는 방향성이 다르며, 수집된 데이터에도 차이가 있어 분류 결과가 서로 다를 수 있다. 하지만 자동화된 프로세스를 통해 식물학계의 빠른 소식이 정기적으로 업데이트되어, 과거보다 더 정확한 분류를 제공할 수 있게 되었고, 다른 권위 있는 명명법 및 특정 분류학적 시스템에서만 발견되는 데이터를 취합하여 학술적 연구에 사용할 수 있게 되었다. 이로 인해 과거와는 비교할 수 없이 빠른 분류학적 발전이 이루어지고 있다. 대표적인 생물 분류 시스템으로는 국제적으로 세계생물다양성정보기구GBIF[7]와 국제식물명색인IPNI[8] 등이 있으며, 국내에는 국가자연사연구정보시스템NARIS[9] 등이 있다. 아래 표는 국내외 대표적인 분류 시스템에서 박쥐란을 어떻게 분류하고 있는지를 보여준다.

박쥐란은 전 세계 대부분의 분류 기관에서 고사리목Polypodiales 고란초과 Polypodiaceae로 분류하고 있다. 표에서 보는 것과 같이, 국가자연사연구정보시스템과 세계생물다양성정보기구는 박쥐란에 서로 다른 분류체계를 적용하고 있다. 대한민국의 국가자연사연구정보시스템은 전통적인 형태, 지리학적 분류 체계인 엥글러 분류체계Engler system[10]를 사용하여 박쥐란을 양치식물문, 즉 씨앗 없이 포자로 번식하는 식물 그룹으로 분류하고 있다. 반면, 세계생물다양성정보기구는 식물을 유전적 및 분자생물학적 데이터를 기반으로 분류하는 NCBI분류체계NCBI taxonomy[11]를 사용하여 박쥐란을 관다발 조직물관, 체관을 가진 모든 식물을 포괄하는 유관속식물문으로 분류하고 있다.

박쥐란의 구조

영양엽

 박쥐란의 두 가지 종류의 잎 중 하나로, 생식 기능은 없지만 넓고 큰 면적을 가진 잎이다. 영양엽sterile fronds은 나무나 바위를 감싸며 박쥐란의 착생을 돕는다. 해외에서는 학술적으로, 생식에 관여하지 않는다는 점에서 생식엽의 반대 개념인 '영양엽'을 주로 사용하며, 기본이 되는 잎으로 간주하여 기저엽base fronds이라 부르기도 한다. 일반적으로는 뿌리를 보호하는 기능에 주목해 보호엽이나 방패엽shield fronds이라 부르며, 형태가 새의 둥지를 닮았다 하여 둥지엽nest fronds이라고도 한다. 국내에서는 이러한 해외 용어와 함께 나엽, 외투엽, 저수엽 등으로도 불린다.

 영양엽은 종에 따라 바구니, 왕관, 공 모양 등 다양한 형태를 띠며, 각 형태는 고유의 생태적 기능을 나타낸다. 공통적으로 영양엽은 뿌리줄기와 뿌리를 감싸며 박쥐란을 건조와 과도한 수분으로부터 보호한다. 또한, 야생에서 적절한 빗물과 양분을 모아 뿌리에 공급하는 중요한 역할을 한다. 박쥐란의 영양엽은 새로운 영양엽이 자라나는 시점에 시들거나 그 전에 시드는 경우가 많다. 이렇게 시든 영양엽은 켜켜이 쌓여 박쥐란에게 또 다른 양분이 된다.

생식엽

 박쥐란의 두 종류 잎 중 다른 하나로 생식 기능을 담당한다. 여러 명칭이 있는 영양엽과 달리, 생식엽fertile fronds은 번식을 위해 포자낭군sorus을 형성하는 생식적 특성이 강조되어 주로 생식엽이라고 불린다. 국내에서는 포자낭군이 형성되는 특징 때문에 포자엽이라고도 한다. 생식엽은 종에 따라 위로 직립하거나

Structure of Platycerium

박쥐란의 구조

박쥐란의 잎은 나무나 바위를 감싸 착생을 돕고, 수분과 양분을 포집하는 기능을 수행하는 영양엽과, 포자낭군을 형성하여 번식과 생식 기능을 담당하는 생식엽으로 나뉜다. 줄기 하단의 본 뿌리는 물과 양분을 흡수하며 착생 대상에 활착한다. 또한 생장점에서 새 영양엽이 전개되면, 기존 영양엽과 새 영양엽 사이의 줄기에서 뿌리가 자라 기존 영양엽 위와 새 영양엽 아래에 활착하여 수분과 양분을 흡수한다. 박쥐란의 줄기는 성장하면서 영양엽 사이에 지속적으로 뿌리를 생성하므로, 줄기가 뿌리 기능을 병행한다는 의미에서 뿌리줄기라 부른다.

포자낭군
sorus

생장점
bud

뿌리줄기
rhizome

리들리아이
Platycerium ridleyi

영양엽의 단면
Sterile Frond in Cross-Section

생식엽
fertile fronds

영양엽
sterile fronds

뿌리
roots

PLATYCERIUM

아래로 처지는 등 다양한 형태로 자라며, 잎의 특정 부위에 포자낭군을 형성해 포자를 생성한다. 생식엽은 영양엽처럼 양분으로 전환되지 않기 때문에, 몇 달 혹은 몇 년 동안 시들지 않는 내구성을 지닌다.

뿌리

박쥐란의 뿌리roots는 물과 양분을 흡수하며 착생 대상에 활착한다. 착생식물인 박쥐란은 흙과 같은 매체에 뿌리를 내려 성장하는 구조가 아니기 때문에, 뿌리줄기 하단의 뿌리들은 주로 착생을 위한 활착에 전념하며, 뿌리줄기가 자라면서 생성되는 위쪽 뿌리들은 영양엽 사이에 활착하여 물과 양분을 흡수한다. 영양엽이 시들어도 활착된 뿌리는 정상적으로 물과 양분을 흡수하며 여전히 살아있다. 이때, 어떤 이유로 시든 영양엽을 제거하게 되면 영양엽에 활착되어 있던 뿌리까지 함께 제거되어 박쥐란 생장에 장애를 일으킬 수 있다.

뿌리줄기

뿌리줄기rhizome는 생장점과 잎 및 뿌리가 달려 있는 박쥐란 중심 줄기다. 전체적으로 뿌리줄기 비늘rhizome scales에 덮여 있고, 생장점에서 새 영양엽이 전개되면 기존 영양엽과 새 영양엽 사이의 줄기에서 새로운 뿌리가 자라난다. 이 뿌리는 기존 영양엽 위와 새 영양엽 아래에 활착하여 수분과 양분을 흡수한다. 박쥐란 줄기는 지속적으로 잎과 뿌리를 내며 활착이라는 상호작용을 일으키기 때문에, 일정 부분 뿌리의 기능을 담당하여 이를 뿌리줄기라 지칭한다.

생장점

생장점bud은 새 잎이 생성되는 뿌리줄기의 정점을 말한다. 종에 따라 뿌리줄기 비늘로만 덮이기도 하고, 가늘고 긴 털과 비교적 짧은 털이 함께 발달해 덮이기도 한다. 이는 새 잎이 형성될 때 과습이나 건조로 인한 피해를 막고, 곤충이나 동물이 새 잎을 갉아먹지 못하도록 보호하는 기능을 한다. 또한 생장점은 박쥐란의 건강 상태를 나타내는 지표로, 뿌리나 뿌리줄기에 문제가 생기면 가장 먼저 마르거나 무르는 증상을 보인다.

성상모

성상모 stellate hair 는 박쥐란 잎 표면을 덮고 있는 별 모양의 털이다. 성상모는 식물 표피에서 유래한 돌출 구조인 트리콤 trichome 의 일종이다. 트리콤은 수분 증발을 억제하고 외부 자극이나 병해충으로부터 식물을 보호하는 표피 부속기관이다. 성상모는 중심에서 방사형으로 뻗는 여러 개의 짧은 털로 구성되며, 이러한 구조적 특징으로 인해 별 모양의 형태를 이루고 있다. 털의 수는 종에 따라 다르며, 일반적으로 6~16개 사이로 이루어져 있다. 또한 성상모의 밀도 역시 종마다 차이를 보이며, 이는 유전적 특성뿐 아니라 자생지의 기후와 생육 환경에 따라서도 달라진다. 건조하거나 강한 햇빛에 노출된 환경에서는 성상모의 밀도가 높은 경향을 보인다. 성상모는 잎의 수분 손실을 줄이고 조직을 보호하는 역할을 하며, 형태적으로 유사한 종을 식별하는 중요한 형태학적 지표로 활용된다.

포자낭군

포자낭군 sorus 은 박쥐란 생식엽의 특정 부위에 형성되는 포자낭 sporangium 의 집합체이다. 종에 따라 생식엽 뒷면 여러 부위에 분포하지만, 대체로 분기 사이나 잎의 말단부에 집중적으로 형성되며, 경우에 따라 스푼이나 국자 모양의 특

Branch of Platycerium

박쥐란의 분기 패턴

분기란 박쥐란 잎이 갈라진 형태를 말한다. 분기가 없는 박쥐란부터 무수히 많은 분기를 형성하는 박쥐란까지, 그 형태는 종에 따라 다양하다. 분기의 구조는 양축분기와 단축분기로 나뉜다. 양축분기는 하나의 지점에서 두 갈래로 갈라지는 형태로, 각 분기점에서 두 개의 축이 대칭적으로 뻗어나가는 구조다. 단축분기는 중심이 되는 축이 계속해서 자라며, 그 측면에서 짧은 가지들이 한쪽 방향으로 분기하는 형태를 보인다. 이 구조는 상대적으로 비대칭적이며 자유로운 인상을 준다.

dichotomous branching 양축분기

알시콘
Platycerium alcicorne

monopodial branching 단축분기

비푸카텀
Platycerium bifurcatum

수 잎에서도 나타난다. 초기에는 주변 조직보다 옅은 색을 띠다가 포자가 성숙하면서 점차 갈색으로 변한다.

코로나리움과 리들리아이는 1개의 포자낭에 8개의 포자를 생성하지만, 나머지 박쥐란들은 1개의 포자낭에 64개의 포자를 생성한다.[4] 포자낭의 분포 양상, 색의 변화, 그리고 포자 수는 종별 번식력과 생육 환경을 평가하는 중요한 지표가 된다. 이때 형성 위치와 색 변화는 환경적 스트레스와 생장 조건을 반영하며, 포자 수의 차이는 각 종이 채택한 번식 전략을 나타낸다.

분기

분기branch란 박쥐란 잎이 갈라진 형태를 말한다. 분기가 없는 박쥐란부터 무수히 많은 분기를 형성하는 박쥐란까지, 그 형태는 종에 따라 다양하다. 이러한 분기는 영양엽과 생식엽 모두에서 각기 다른 방식으로 나타난다. 특히 분기의 구조는 양축분기兩軸分岐, dichotomous branching와 단축분기單軸分岐, monopodial branching로 나눌 수 있다.

양축분기는 하나의 지점에서 두 갈래로 갈라지는 형태로, 각 분기점에서 두 개의 축이 대칭적으로 뻗어나가는 구조를 가진다. 형태학적으로, 각 분기점에서 균등하게 두 갈래로 나뉘는 분기 양상은 이분법二分法, dichotomy으로 정의된다.[5] 이러한 이분법을 따르는 분기 구조는 잎의 전체적인 형태를 질서정연하고 균형 잡히게 만든다.

반면 단축분기는 중심이 되는 축이 계속해서 자라며, 그 측면에서 짧은 가지들이 한쪽 방향으로 분기하는 형태를 보인다. 이 구조는 상대적으로 비대칭적이며 자유로운 인상을 준다. 이러한 두 가지 분기 방식은 박쥐란의 생장 특성에 따라 다르게 나타나며, 종마다 고유한 형태를 보인다. 분기는 빛이 부족하거나 개체

가 어린 경우, 또는 기타 환경적 요인에 의한 스트레스로 갈라지지 않고 불안정한 형태로 마무리되기도 한다.

자구

박쥐란의 자구 pups 는 뿌리나 뿌리줄기에서 발생하는 새로운 개체를 가리키며, 구근식물[12]의 '자구 bulblet, cormlet' 개념을 차용한 용어이다. 이는 구근식물의 자구와 더불어 측아 lateral bud 까지 포괄하는 의미로 사용되며, 해외에서는 흔히 'pups'라 불리면서 학술적으로도 통용된다.

뿌리 자구의 발생 여부는 종에 따라 다르다. 뿌리 자구를 형성하는 종에서는 뿌리가 영양엽 밖으로 돌출되어 빛을 받을 때 자구가 생성되며, 야생에서 관찰되는 대형 군생은 이러한 자구의 축적과 성장으로 형성된다. 한편, 생장점이 손상되거나 양분이 과잉일 경우 뿌리줄기에서 곁순이 발생하는데 이를 측아라 한다. 이 측아가 길게 뻗어 발달하면 측지 lateral branch 라 하며, 측아와 측지 모두 완전히 새로운 개체로 독립할 수 있다. 측아는 모든 종에서 특정 조건이 충족될 때 발생하지만, 측지는 현재까지 코로나리움에서만 보고된 특이적 현상이다.

자연 상태에서는 대개 모체의 생장점이 손상되었을 때 측아가 형성되며, 건강한 모체에서 발생한 측아는 대부분 모체에 의해 잠식되거나 경쟁에서 도태된다. 코로나리움은 뿌리에서 자구를 형성하지 않지만, 모체의 생장점 손상 여부와 관계없이 유일하게 측지를 영양엽 밖으로 뻗어, 뿌리 자구로 형성된 개체와 유사

뿌리에서 자구 생성하는 종	알시콘, 안디넘, 비푸카텀, 엘리펀토티스, 엘리시아이, 힐리아이, 마다가스카리엔스, 쿼드리디코토뭄, 스테마리아, 베이치아이, 윌링키아이
뿌리에서 자구 생성하지 않는 종	코로나리움, 그란데, 홀투미아이, 리들리아이, 슈퍼붐 왈리치아이, 완다

자구 형성 분류표

한 형태의 새로운 개체를 성장시킨다.

　이러한 다양한 자구 발생 양상은 박쥐란의 자가번식이 뿌리 또는 뿌리줄기에서 비롯됨을 보여주며, 종에 따라 위치와 형태가 상이하게 나타난다. 자구·측아·측지의 형성은 종 고유의 특성이면서도 생장 조건, 손상 여부, 자생지 환경에 의해 조절되며, 이는 박쥐란이 군생을 이루고 생존 전략을 확장하는 데 핵심적 역할을 한다.

박쥐란의 생태

착생하는 식물, 박쥐란

　박쥐란은 고란초과 식물답게 대부분의 고란초처럼 착생하여 성장한다. 착생이란 나무나 바위와 같은 표면에 붙어 살아가는 방식을 말하며, 착생식물은 대기 중의 수분과 빗물에서 물을 얻고, 주변의 양분을 이용하여 살아간다.

　착생식물과 달리, 다른 식물에 붙어 뿌리를 박고 그 양분을 흡수하며 살아가는 식물을 기생식물이라고 한다. 식물에 붙어 사는 형태가 비슷하기 때문에 착생식물과 기생식물이 혼동되는 경우가 많다. 그러나 착생식물은 착생 대상에 해를 끼치지 않고 그 주위의 환경을 이용해 살아가는 반면, 기생식물은 숙주기생을 당하는 식물의 양분을 직접 흡수하여 결국 숙주가 고사하는 등 피해를 준다.

　야생에서 박쥐란은 햇빛과 물, 낙엽, 그리고 새와 동물의 배설물 등을 주요 양분으로 삼는다. 이러한 생태 환경에 적응하며 박쥐란은 생식엽과 영양엽이라는 두 가지 형태의 잎을 발달시켜, 독특한 외형을 갖추게 되었다.

박쥐란의 다양한 형태

박쥐란의 다양한 형태를 설명하기에 앞서, 먼저 박쥐란 원종의 종류를 살펴보자. 박쥐란 원종은 통상적으로 알시콘P. alcicorne, 안디넘P. andinum, 비푸카텀P. bifurcatum, 코로나리움P. coronarium, 엘리펀토티스P. elephantotis, 엘리시아이P. ellisii, 그란데P. grande, 힐리아이P. hillii, 홀투미아이P. holttumii, 마다가스카리엔스P. madagascariense, 쿼드리디코토뮴P. quadridichotomum, 리들리아이P. ridleyi, 스테마리아P. stemaria, 슈퍼붐P. superbum, 베이치아이P. veitchii, 왈리치아이P. wallichii, 완대P. wandae, 윌링키아이P. willinckii 등 총 18종으로 알려져 있다.

이 종들은 세계 각지의 다양한 자생지에 분포하며, 환경적 조건에 따라 상이한 형태적·생리적 특성을 발달시켜 왔다. 그 결과 박쥐란은 종마다 차별화된 외형과 구조를 갖추게 되었다. 일반적인 식물은 줄기와 잎의 형태가 어우러져 전체적인 외형을 구성하지만, 박쥐란은 영양엽이 줄기를 감싸고 있어 드러나는 외형이 영양엽과 생식엽이 어우러진 잎의 구조만으로 표현된다. 또한 다수의 종은 자구를 형성하여 군생을 이루는 특성이 있어, 초심자들은 이러한 군생을 하나의 거대한 개체로 오인하기도 한다.

이러한 관점에서 2001년 미국의 식물학자 로이 베일Roy Vail은 일명 '베일 이론The Vail Theory'이라 불리는 박쥐란의 형태적 분류 기준을 제안하였다.[6] 그는 20세기 후반 활약한 박쥐란 전문 식물학자로, 1984년 《박쥐란 애호가 핸드북Platycerium Hobbyists Handbook》을 집필하였다. 이 책은 오늘날까지 '박쥐란의 바이블'로 불리며 널리 인용되고 있으며, 이러한 저작 활동을 통해 그의 학문적 명성이 확립되었다. 그러나 인터넷 블로그나 다양한 매체에서 그의 저작과 이론이 다루어지는 과정에서 내용이 단편적이거나 부정확하게 소개되는 경우가 적지 않다. 그 결과, 베일 이론은 많은 박쥐란 애호가들에게 왜곡된 개념으로 받아들

Types of Platycerium sterile fronds 박쥐란의 영양엽

박쥐란은 종마다 차별화된 외형과 구조를 가지고 있다. 일반적인 식물은 줄기와 잎의 형태가 어우러져 전체적인 외형을 구성하지만, 박쥐란은 영양엽이 줄기를 감싸고 있어 드러나는 외형이 영양엽과 생식엽이 어우러진 잎의 구조만으로 이루어진다.
박쥐란의 영양엽 형태에 따라 상단이 열려 있는 '열림형'과 상단이 닫혀 있는 '닫힘형'으로 구분할 수 있다. 열림형 영양엽 박쥐란은 생장점을 기준으로 상단부와 하단부로 나뉜다. 상단부는 위로 길게 솟아오르며 착생 대상의 바깥쪽으로 넓게 퍼지기도 하며, 하단부는 줄기와 뿌리를 덮어 이를 보호하는 동시에 착생 대상을 감싸며 활착한다.
닫힘형 영양엽 박쥐란은 착생 대상을 둥글게 감싸며 자라기 때문에 줄기와 뿌리의 노출을 최소화할 수 있다. 대부분의 닫힘형 박쥐란은 과습에 취약하거나 뿌리가 많은 수분을 필요로 하지 않기 때문에, 뿌리 쪽으로 물이 과도하게 들어가는 것을 방지하고 생장점과 영양엽 사이의 좁은 공간으로 물을 스며들게 하여, 영양엽의 겹 사이에 소량의 물이 머물도록 한다.

Closed top
닫힘형 영양엽

힐리아이
Platycerium hillii

마다가스카리엔스
Platycerium madagascariense

엘리시아이
Platycerium ellisii

알시콘
Platycerium alcicorne

리들리아이
Platycerium ridleyi

여지곤 한다. 이에 따라 본 장에서는 그의 이론을 정확히 소개하고 검토하여 잘못 정립된 부분을 바로잡고, 올바르게 이해할 수 있는 토대 마련하고자 한다.

로이 베일은 먼저 박쥐란의 영양엽 형태에 주목하여, 상단이 열려 있는 '열림형 open top'과 상단이 닫혀 있는 '닫힘형 closed top' 두 가지로 구분하였다.

영양엽 상단이 열려 있는 종은 빗물이나 낙수를 받아 저장할 수 있는 구조로서, 건조림에 자생하며 일정 기간의 건기를 견딜 수 있다고 설명하였다. 대표적인 예로 그는 비푸카텀을 제시하였다. 그러나 다수의 열림형 구조를 지닌 박쥐란 가운데에는 예외적으로 상시 고온다습한 환경에 서식하는 종도 존재하므로, 로이 베일이 제시한 '건조림 적응과 건기 내성'이라는 특성은 열림형 전체의 보편적 특성이 아니라 일부 종에 국한되는 생리적 특성으로 이해하는 것이 타당하다.

열림형 박쥐란의 영양엽은 생장점을 기준으로 상단부와 하단부로 나뉜다. 상단부는 위로 길게 솟아오르며 착생 대상의 바깥쪽으로 좁거나 넓게 퍼지기도 하며, 하단부는 줄기와 뿌리를 덮어 이를 보호하는 동시에, 착생 대상을 감싸며 활착한다. 이런 유형의 박쥐란은 영양엽 상단이 열려 있어 물과 양분을 효과적으로 모으고 가둘 수 있다. 영양엽 속으로 떨어진 낙엽이나 동물의 배설물 등은 박쥐란에게 훌륭한 양분이 되어 박쥐란을 안정적으로 성장시킨다. 대형 종 박쥐란 대부분이 이에 속할 만큼, 이 형태는 성장에 유리한 특성을 지니고 있다.

반대로 영양엽 상단이 닫혀 있는 종은 직접적으로 물을 저장할 수 없는 구조로

영양엽 형태	종
열림형 open top	안디넘, 비푸카텀, 코로나리움, 엘리펀토티스, 그란데, 홀투미아이, 쿼드리디코토뮴, 스테마리아, 슈퍼붐, 베이치아이, 왈리치아이, 완대, 윌링키아이
닫힘형 closed top	알시콘, 엘리시아이, 힐리아이, 마다가스카리엔스, 리들리아이

영양엽의 형태적 분류

보았으며, 영양엽 내부에 유기물이 쌓여 토양층을 형성해야만 생존할 수 있다고 설명하였다. 그는 이를 열대 우림 적응형으로 해석하며 건기를 견디지 못한다고 보았고, 그 예로 힐리아이, 마다가스카리엔스, 리들리아이를 제시하였다. 그러나 우기와 건기가 교차하는 열대 몬순 기후대에 자생하는 알시콘 역시 닫힘형 구조를 지니는 것을 고려할 때, 닫힘형 구조를 환경적 요인에 따른 진화적 산물로만 설명하는 것은 적절한 해석으로 보기 어렵다.

닫힘형 박쥐란의 영양엽은 착생 대상을 둥글게 감싸며 자라기 때문에 줄기와 뿌리의 노출을 최소화할 수 있다. 대부분의 닫힘형 박쥐란은 과습에 취약하거나 뿌리가 많은 수분을 필요로 하지 않기 때문에, 뿌리 쪽으로 물이 과도하게 들어가는 것을 방지하고 생장점과 영양엽 사이의 좁은 공간으로 물을 스며들게 하여, 영양엽의 겹 사이에 소량의 물이 머물도록 한다. 이 구조를 통해 뿌리는 천천히 수분을 흡수할 수 있다. 또한 자체적으로 양분을 모을 수 있는 구조가 아니기 때문에 개미가 둥지를 지을 수 있는 공간을 제공하고, 그 부산물을 양분으로 활용한다.[7] 이 때문에 식물 수집가들이 야생에서 닫힘형 박쥐란을 채집할 때 개미에게 물리는 일이 자주 발생한다.[8]

로이 베일이 제시한 영양엽 형태에 따른 분류는 비록 모든 원종을 포함하지는 않지만, 형태적 특징에 기반한 접근으로 전체 원종에 적용할 수 있는 명확한 분류방법이다. 반면 서식 환경이나 생태적 특성에 근거한 구분은 일부 종의 특성을 충분히 반영하지 못하므로, 보조적 참고 자료로 수용하는 것이 바람직하다.

이와 더불어 로이 베일은 박쥐란의 군생 형태를 자신의 이론 체계에 포함시켜, 이를 '구형ball' '바구니형basket' '고리형ring' 세 가지 형태로 구분하였다.

먼저 구형 군생은 다수의 자구가 형성되어 둥근 덩어리처럼 뭉친 형태로, 주로 열대 우림에 자생하는 종에서 나타나며, 이에 해당하는 예로 엘리시아이, 힐리

Clumping Form of Platycerium 박쥐란의 군생

Ball-type Clump
구형 군생

다수의 자구가 형성되어 둥근 덩어리처럼 뭉친 군생 형태로, 리들리아이를 제외한 닫힘형 박쥐란에서 주로 나타난다. 이 유형은 자구들이 서로 밀집하여 내부가 촘촘히 겹친 영양엽으로 둘러싸이므로, 수분이 외부로 쉽게 빠져나가지 않고 유기물이 쌓여 부식토 역할을 하며 안정적인 양분원을 제공한다.

엘리시아이 *Platycerium ellisii*

힐리아이 *Platycerium hillii*

마다가스카리엔스 *Platycerium madagascariense*

알시콘 *Platycerium alcicorne*

Clump of *Platycerium alcicone* 알시콘의 군생

Basket-type Clump
바구니형 군생

개체들의 상단이 열려 있어 바구니처럼 빗물과 낙엽을 모으는 구조로, 열림형 박쥐란 일부 종에서 나타난다. 이 유형은 영양엽이 위쪽으로 퍼지며 열린 공간을 형성하므로, 외부에서 떨어지는 수분과 유기물을 자연스럽게 모을수 있다.

비푸카텀
Platycerium bifurcatum

베이치아이
Platycerium veitchii

스테마리아
Platycerium stemaria

Clump of *Platycerium stemaria* 스테마리아의 군생

아이, 마다가스카리엔스를 들었다. 이러한 형태는 자구들이 서로 밀집하여 성장하기 때문에 개체 간 경계가 모호해 보이며, 하나의 거대한 덩어리로 인식되기 쉽다. 군생 내부는 촘촘히 겹친 영양엽으로 둘러싸여 있어 외부 수분이 쉽게 빠져나가지 않고, 유기물이 쌓여 부식토 역할을 하면서 안정적인 양분원을 제공한다. 따라서 구형 군생을 이루는 종들은 비교적 장기간 생존할 수 있으며, 초심자들이 하나의 거대한 개체로 오인하기 쉬운 대표적인 유형이다.

바구니형 군생은 개체들의 상단이 열려 있어 그릇처럼 빗물과 낙엽을 모으는 구조로, 대표적으로 비푸카텀을 예로 들었다. 이 유형은 영양엽이 위쪽으로 퍼지며 열린 공간을 만들기 때문에 외부에서 떨어지는 수분과 유기물이 자연스럽게 모인다. 군생 내부에 고이는 물과 낙엽은 부식되어 양분원이 되며, 이는 뿌리가 한정적인 착생 환경에서 안정적인 생장을 가능하게 하는 기반이 된다. 또한 바구니처럼 열린 구조는 빗물이 흘러내리면서 군생 내외부로 균등하게 퍼지도록 하여 과습을 방지하고, 개체 전체의 수분 순환을 원활히 한다. 이러한 특성 때문에 바구니형 군생은 건기에도 비교적 안정적으로 생존할 수 있다.

마지막으로 고리형 군생은 주로 대형종에서 나타나며, 중심이 비어 원형 띠처럼 배열되는 구조로 기술하였다. 이러한 배열은 다량의 빗물을 가두고 낙엽이나 동물의 배설물을 받아들여 양분을 저장하는 일종의 창고로 기능하며, 대형종의 특성상 위와 아래의 그늘진 부위에서는 자구 형성이 억제되는 반면, 상대적으로

분류	군생 형태	종
군생형	구형 ball	알시콘, 엘리시아이, 힐리아이, 마다가스카리엔스
	바구니형 basket	비푸카텀, 스테마리아, 베이치아이
	고리형 ring	안디넘, 코로나리움, 엘리펀토티스, 쿼드리디코토뮴, 윌링키아이
단독형	–	그란데, 홀투미아이, 리들리아이, 슈퍼붐, 알리치아이, 완다

군생의 형태적 분류

빛을 받기 용이한 좌우 공간에서 자구가 발달하는 것으로 설명하였다. 예로는 안디넘, 코로나리움, 엘리펀토티스, 윌링키아이를 들었다.

그러나 실제 고리형 군생은 개체의 크기만으로 그 형성 과정을 설명하기에는 충분하지 않다. 고리형 군생을 이루는 박쥐란의 외형은 바구니형과 유사하지만, 바구니형 박쥐란에 비해 자구 생성 수가 적고 생성 간격이 상대적으로 길어 위치에 따른 자구 도태 현상이 더욱 뚜렷하게 나타난다. 그 결과 위치가 유리한 좌우 공간에 형성된 자구들이 성체로 발달하면서, 결국 착생 대상을 빙 둘러 감싸는 고리형 군생으로 전개된다. 따라서 고리형 군생은 대형종의 생장 특성과 자구 생성 양상이 맞물려 나타나는 결과로 이해할 수 있다. 고리형 군생은 중앙부가 비어 있어 내부 환기가 원활하고 과습을 막아 주며, 상단에는 낙엽과 유기물이 쌓여 장기간 분해·축적되면서 안정적인 양분 공급원이 된다. 이처럼 고리형 군생은 수분 저장, 배수, 양분 공급을 동시에 충족시키는 구조로, 다른 군생 형태에 비해 상대적으로 부족한 개체 수의 한계를 극복하며 장기간 생존할 수 있도록 진화한 독자적인 전략으로 해석된다.

뿌리자구나 측지를 형성하는 '군생형' 종을 제외한 대부분의 박쥐란은 단독으로 생존하거나, 포자 번식을 통해 제한적인 군락을 형성한다. 이러한 유형은 군생의 분류 기준에서 '단독형'으로 규정된다. 단독형 종은 뿌리자구를 형성하지 않고, 포자 번식만으로는 밀집된 군생을 이루기 어렵기 때문에, 장기적인 생존과 번식을 위해 개체의 대형화gigantism[13], 주변 생물과의 공생 체계 형성 등 다양한 독자적 전략을 발달시켜 왔다.

환경 적응력을 위한 성상모

박쥐란은 아프리카·아시아·호주·남아메리카 등 광범위한 지역에 분포하

Alternation of generations 박쥐란의 세대교번

박쥐란은 동물처럼 서식지를 자유롭게 옮길 수 없기 때문에, 종의 보존을 위해 더 나은 환경으로 자손을 퍼뜨릴 수밖에 없다. 박쥐란이 서식지를 확장하거나 이동할 수 있는 가장 용이한 방법은 번식을 통해 자손을 퍼뜨리는 것이다.

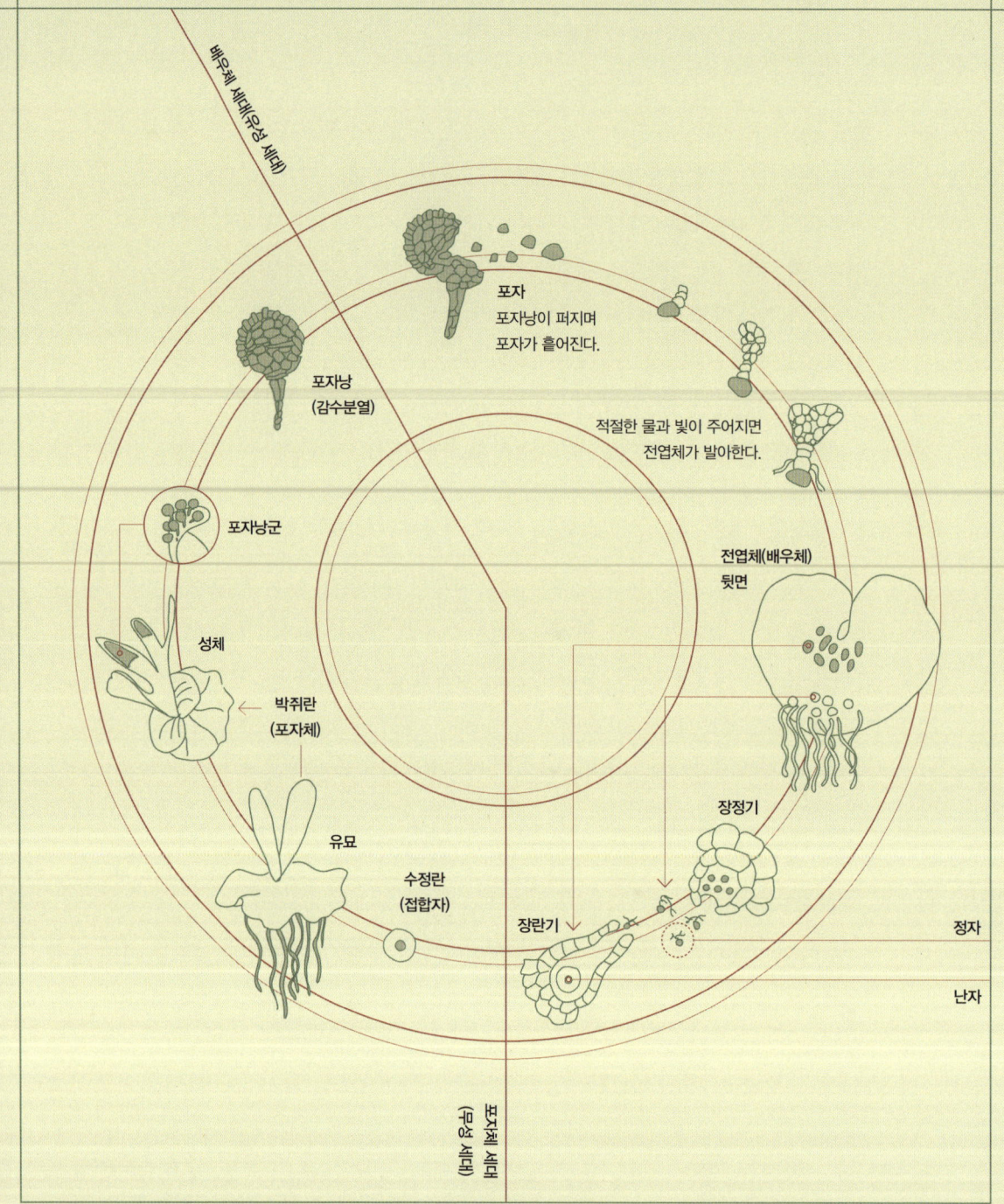

PLATYCERIUM

며, 각 서식 환경에 적응하여 다양한 형태적 특성을 보인다. 태양빛이 강하고 건조한 환경에서는 영양엽과 생식엽 표면에 별 모양의 성상모가 빽빽하게 발달하여, 직사광선으로부터 잎을 보호하고 대기 중 수분을 흡수함으로써 체내 수분 손실을 최소화한다. 이러한 성상모가 두드러진 박쥐란은 뛰어난 환경 적응성과 관상적 가치로 인해 애호가들 사이에서 특히 인기가 높다. 성상모가 풍부한 박쥐란은 건기가 장기간 지속되는 열대 사바나나 열대 몬순 기후 지역에서 주로 관찰되며, 반대로 강우량이 많고 습도가 높은 열대 우림 기후 지역에서는 성상모의 발달이 상대적으로 적은 매끄러운 잎을 가진 종들이 주로 발견된다. 다만 이러한 차이는 성상모의 밀도에 따른 것이며, 모든 박쥐란은 기본적으로 성상모를 보유한다.

뿌리를 키우는 영양엽

박쥐란의 영양엽은 종에 따라 유지 기간에 차이가 있으나, 대체로 몇 개월을 넘기지 못하고 서서히 시든다. 영양엽은 나고 시드는 과정을 반복하며 겹겹이 쌓이고, 뿌리줄기에서 나온 새로운 뿌리들은 이 겹 사이 공간으로 뻗어 활착한다. 이 공간은 일정한 습도를 유지하여 뿌리가 쉽게 마르지 않고, 뿌리 세력이 발달하기에 유리한 구조를 이룬다. 실제 재배 환경에서도 새 영양엽이 형성된 직후 뚜렷한 성장이 관찰되는데, 이는 새 영양엽이 자리 잡으면서 뿌리줄기에서 나온 뿌리가 시든 영양엽 속에 안정적으로 활착하여 뿌리 세력을 강화하기 때문이다.

포자로 번식하는 박쥐란

박쥐란은 동물처럼 서식지를 자유롭게 옮길 수 없기 때문에, 종의 보존을 위해 더 나은 환경으로 자손을 퍼뜨릴 수밖에 없다. 박쥐란이 서식지를 확장하거나 이동할 수 있는 가장 용이한 방법은 번식을 통해 자손을 퍼뜨리는 것이다. 박쥐란은 꽃을 피우지 않고 포자로 번식하기 때문에, 우리가 박쥐란이라고 부르는 식물체는 식물생리학상 포자체sporophyte 라고 한다. 성숙한 박쥐란은 생식엽에 포자낭군을 형성하고 포자낭 내 포자모세포spore mother cell 감수분열meiosis 을 통해 포자를 만들게 된다. 포자낭에서 떨어진 포자가 적절한 물과 빛을 만나 발아하면, 하트 모양의 싹이 나오는데, 이를 전엽체prothallium 또는 배우체gametophyte 라고 한다. 전엽체가 성숙하면 장정기antheridium 와 장란기archegonium 라는 기관이 형성되는데, 장정기에서는 정자가, 장란기에서는 난자가 생성되어 수분을 매개로 수정이 된다. 이렇게 수정된 수정란을 접합자zygote 라고 하며, 접합자는 체세포분열을 거쳐 다시 포자체로 성숙한다. 포자에서 전엽체를 거쳐 정자와 난자 시기까지의 과정을 배우체세대gametophyte generation 라고 하며, 정자와 난자와 같은 유성생식세포를 만들기 때문에 이를 유성세대sexual generation 라고도 한다. 접합자에서 포자체를 거쳐 감수분열이 이루어지는 포자 형성 직전 시기까지의 과정을 포자체세대sporophyte generation 라고 하며, 포자체 상태로 무성 생식하기 때문에 무성세대asexual generation 라고도 한다. 이렇게 한 생물에서 유성세대의 배우체와 무성세대의 포자체가 번갈아 나타나는 현상을 '세대교번世代交番, alternation of generations '이라고 한다.

박쥐란 포자낭에는 포자를 둘러싸고 있는 환대symplocium 라는 세포열이 있다. 환대의 내벽과 측벽은 두껍고, 외벽은 얇고 탄력이 있어, 포자가 성숙하게 되면 얇은 외벽으로 세포 속 수분이 증발되어 환대의 외벽은 안으로 수축되고 측벽이 당겨지게 된다. 측벽이 당겨지면서 포자가 노출되고, 원래 방향으로 돌아가려는 측벽의 탄성에 의해 환대는 투석기처럼 튕겨지며, 그 힘에 의해 포자는 멀리

날아가게 된다. 포자는 미세하고 가벼워 바람을 타고 먼 곳까지 날아갈 수 있다. 이렇게 점차 서식지를 이동한 박쥐란은 전 세계에 분포할 정도로 광범위한 지역에 서식하며, 다양한 환경에서 살아남기 위해 종간 서로 다른 형태를 띠고 각자 환경에 맞는 대사 작용을 하며 살아간다. 그 결과 다양한 변이가 나타나고, 수많은 아종이 생겨난다. 이런 다양한 종의 박쥐란들은 인간에 의해 재배되고, 더 많은 품종으로 개량[14]되어 그 종류를 모두 알 수 없을 정도로 다양하다.

식물의 광합성

박쥐란의 대사를 설명하기에 앞서, 식물의 기본적인 대사 과정인 광합성에 대해 간략히 살펴보고자 한다.

식물은 생장에 필요한 기본적인 에너지를 빛으로부터 얻는다. 식물이 빛을 받으면, 빛 에너지를 흡수하여 식물이 사용할 수 있는 화학 에너지로 전환하는데, 이러한 일련의 과정을 광합성光合成, photosynthesis이라고 한다. 광합성은 크게 명반응明反應, light reaction과 암반응暗反應, dark reaction으로 나뉘는데, 명반응은 빛이 있을 때에만 진행되는 반응이며, 암반응은 빛이 없어도 진행될 수 있는 반응이다. 명반응에서는 엽록소가 흡수한 빛 에너지를 이용해 식물체 내의 물H_2O을 분해하여 화학 에너지인 ATP와 NADPH로 전환하며, 이 과정에서 부산물인 산소O_2를 발생시킨다. 광합성 과정에서 생성된 산소는 식물 내에서 직접적으로 활용되지 않기 때문에, 주로 잎의 기공을 통해 대기 중으로 방출된다. 또한 광합성에 사용되지 않은 잔여 수분 역시 기공을 통해 수증기 형태로 방출되며, 이 현상을 증산작용transpiration이라고 한다.

명반응에서 생성된 화학 에너지ATP와 NADPH는 암반응에서 사용된다. 암반응은 기공을 통해 흡수된 이산화탄소CO_2를 고정하여 포도당을 생성하는 과정이며, 이 과정은 탄소 고정carbon fixation 방식에 따라 C_3, C_4, CAMCrassulacean Acid Metabolism 유형으로 분류된다. C_3는 대부분의 녹색 식물에서 나타나는 광합성 방식으로, 광합성의 첫 번째 단계인 탄소 고정 과정에서 이산화탄소를 고정하여 3탄소 화합물인 3-PGA를 생성한다. C_3 식물은 주로 온대 또는 아열대 기후에서 자생하지만, 고온 건조한 환경에서는 광호흡光呼吸, photorespiration이 일어나 생장이 어려워진다.

광호흡은 이산화탄소를 고정하는 효소인 루비스코rubisco가 이산화탄소 대신 산소와 결합할 때 발생하는 반응이다. 루비스코가 산소와 결합하면 에너지가 낭비되고, 그 결과 광합성 효율이 떨어진다. 고온 건조한 환경에서는 식물이 수분 손실을 막기 위해 기공을 닫게 되며, 이로 인해 내부의 이산화탄소 농도가 낮아지고 루비스코가 산소와 결합하게 되어 광호흡이 더욱 촉진된다.

구분	C_3 식물	C_4 식물	CAM 식물
정의	광합성 시 이산화탄소를 고정하는 과정에서 3탄소 화합물인 3-PGA(3-포스포글리세르산)를 생성하는 식물	광합성 시 이산화탄소를 고정하여 4탄소 화합물인 옥살아세트산을 생성하는 식물	C_4 식물처럼 옥살아세트산을 생성하지만, 밤에 이산화탄소를 고정하는 시간 분리형 광합성 식물.
이산화탄소 흡수 시점	낮	낮	밤
이산화탄소 사용 방식	낮에 기공을 열어 이산화탄소를 흡수하는 동시에 바로 사용	낮에 이산화탄소를 4탄소 화합물로 저장한 뒤, 유관속초세포에서 방출하여 광합성에 사용	밤에 고정한 이산화탄소를 4탄소 화합물로 저장한 뒤, 낮에 다시 방출하여 광합성에 사용
광합성 효율	광호흡으로 인해 C_4 식물보다 광합성 효율이 낮음	광호흡이 억제되어 모든 식물 중 광합성 효율이 가장 높음	광호흡이 일어나고 기공을 밤에만 열어 광합성 효율이 가장 낮음
서식 기후	온대 기후, 아열대 기후	열대 기후	사막 기후, 극건조 기후

식물의 광합성 방식

C$_4$는 단자엽식물에서 주로 나타나는 광합성 방식으로, 고온 건조한 환경에 적응하기 위해 진화한 형태이다. 이산화탄소를 먼저 4탄소 화합물로 고정한 뒤, 이를 루비스코가 있는 세포로 전달하여 탄소 고정을 진행함으로써, 광호흡을 줄이고 광합성 효율을 높인다. 기공을 적게 열어도 충분한 이산화탄소를 확보할 수 있어 수분 손실이 적은 것이 특징이며, 이러한 구조는 고온 건조한 지역에서 식물이 안정적으로 생장할 수 있도록 돕는다.

CAM은 다육식물에서 주로 나타나는 광합성 방식으로, 극도로 건조한 환경에서 낮 동안 기공을 닫아 수분 손실을 줄이고, 밤에 기공을 열어 이산화탄소를 흡수한 뒤, 이를 유기산 형태로 저장한다. 저장된 이산화탄소는 낮 동안 광합성에 사용되어, 기공을 열지 않고도 탄소를 고정할 수 있다. CAM 식물은 선인장이나 용설란처럼 건조하고 물이 부족한 환경에서 자라며, 극한 조건에서도 생존할 수 있도록 높은 수분 효율을 유지한다.

박쥐란의 대사

박쥐란은 일반적으로 C$_3$ 식물로 알려져 있으나, 2008년, 폴란드의 식물학자 그르제고르츠 루트Grzegorz Rut 등은 논문《착생 양치식물 박쥐란 비푸카텀에서의 CAM 광합성Crassulacean acid metabolism in the epiphytic fern Platycerium bifurcatum》을 통해, 비푸카텀의 생식엽에서는 C$_3$ 광합성이, 영양엽에서는 C$_3$와 CAM 광합성이 동시에 일어날 수 있음을 밝혔다. 특히 이들은 비푸카텀의 CAM 광합성이 기존 CAM 연구에서 강조된 수분 스트레스보다 빛의 감소가 더 큰 유도 요인임을 제시하였다.[9] 그에 앞서 1999년 호주의 식물학자 조셉 홀텀Joseph A. M. Holtum과

독일의 식물학자 클라우스 윈터Klaus Winter도 논문《열대 착생 및 암생 양치식물에서의 CAM 광합성 정도Degrees of crassulacean acid meta-bolism in tropical epiphytic and lithophytic ferns》에서 베이치아이에서도 미세한 수준의 CAM 광합성이 관찰되었다고 보고한 바 있다.[10] 반면 2011년 말레이시아의 식물학자 루자나 사누시Ruzana A. Sanusi는 그란데와 코로나리움에서는 C_3 광합성만이 일어난다고 밝혔다.[11]

   이처럼 현재 박쥐란 광합성 연구는 일부 종에 국한되지만, 이러한 연구 결과는 박쥐란속 종들 간에 대사 활동이 동일하지 않다는 점을 시사한다.

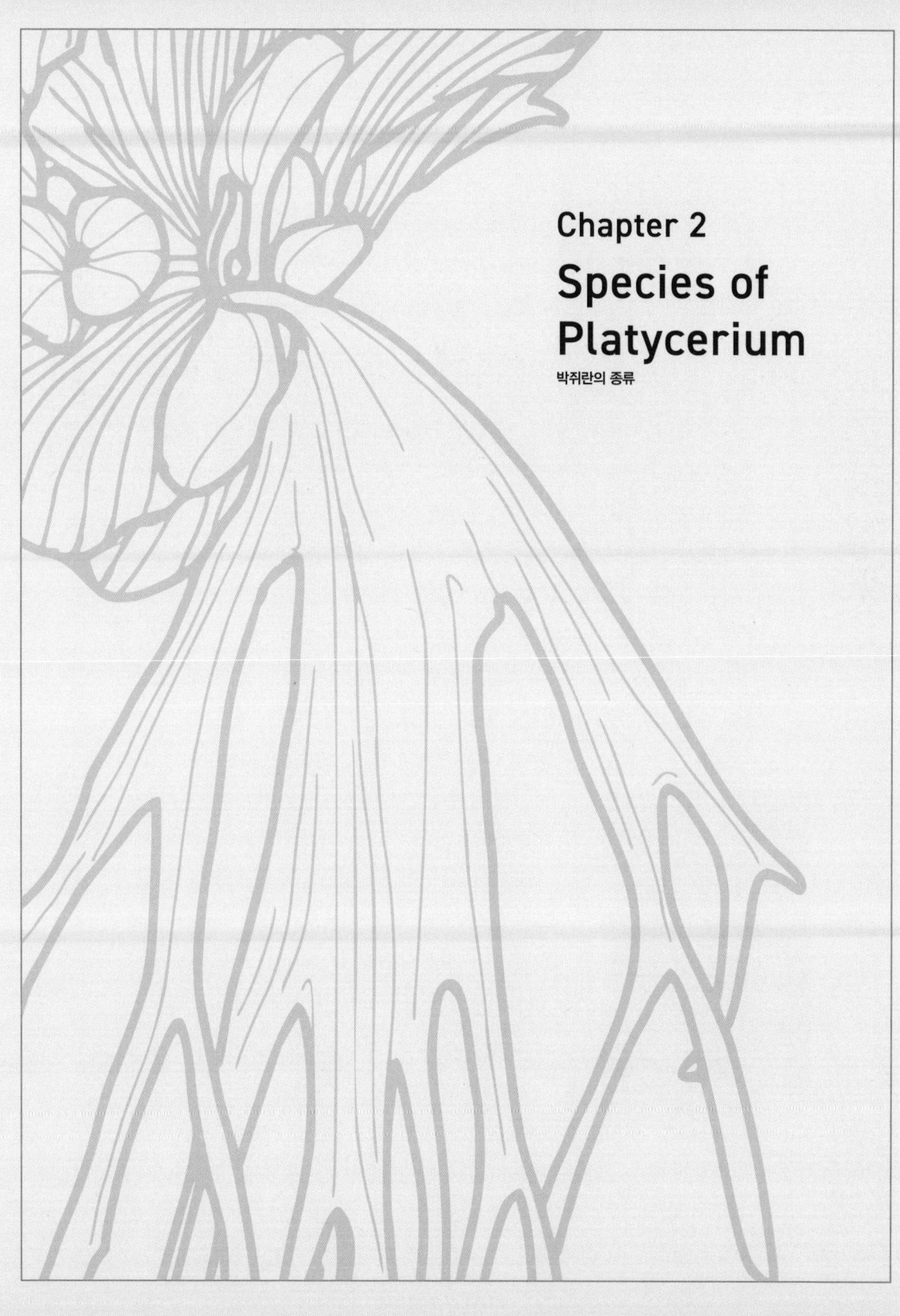

Chapter 2
Species of Platycerium

박쥐란의 종류

박쥐란속 종의 유래

영국의 식물학자 레너드 플루케넷Leonard Plukenet는 1705년 출간된 그의 저서 《아말테움 식물학Amaltheum botanicum》에서 박쥐란을 최초로 소개하였으며, 이를 '뉴로플라티세로스 에디오피쿠스Neuroplatyceros aethiopicus, 사슴뿔처럼 생긴 잎맥이 두드러진 식물nervosus folii cornucervinum referentibus'이라는 문구로 묘사하였다.[12]

1827년 프랑스의 식물학자 니케즈 데보Nicaise A. Desvaux는 알시콘, 앙구스타툼P. angustatum, 지금의 비푸카텀[13], 코로나리움, 스템마리아P. stemmaria, 지금의 스테마리아를 박쥐란속으로 분류하였다.[14] 이 분류를 통해 '박쥐란Platycerium'이라는 속명이 학술 문헌에 처음 제안되어 공식적으로 사용되기 시작하였다.

이후 오랜 기간 동안 많은 식물학자들에 의해 박쥐란속 및 종에 대한 다양한 분류가 시도되면서, 박쥐란 분류 체계는 점차 정립되어갔다. 이러한 학문적 기반을 토대로 1972년 미국의 식물학자 바버라 호시자키Barbara J. Hoshizaki는 형태학적 연구를 바탕으로 박쥐란 원종을 18종으로 분류하였다.[15] 이 분류는 근대 박쥐란 분류 체계의 중요한 기준점으로 인정받고 있으며, 오늘날까지도 이 18종이 통상적인 박쥐란 원종으로 간주되고 있다.

1982년 네덜란드의 식물학자 엘버트 헤니프만Elbert Hennipman과 마르코 루스Marco C. Roos는 비푸카텀, 베이치아이, 윌링키아이를 비푸카텀의 아종으로, 힐리아이를 비푸카텀의 변이종으로 분류하였다. 이들은 이 네 분류군을 하나의 종을 구성하는 비푸카텀 복합체

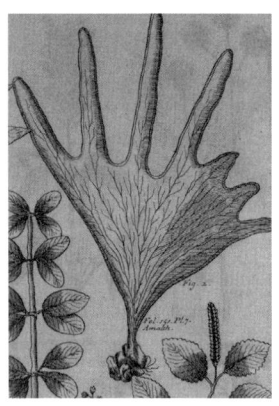

뉴로플라티세로스 에디오피쿠스
Neuroplatyceros aethiopicus

*P. bifurcatum complex*로 정의하고 박쥐란 원종을 15종으로 제안하였다.[16] 이 가설은 오랫동안 원종으로 여겨졌던 박쥐란 4종을 비푸카텀의 하위 분류군으로 재분류한 중요한 사건으로, 박쥐란 분류 체계의 기본 개념을 재정립하는 전환점으로 평가된다.

이후 많은 학자들이 바버라 호시자키와 엘버트 헤니프만, 마르코 루스의 박쥐란 계통분류에 관한 가설을 검증하기 위해 다양한 연구를 진행하였다.[17] 2006년 독일의 식물학자 한스 피터 크라이어Hans-Peter Kreier와 하랄드 슈나이더Harald Schneider 역시 그들의 박쥐란 분류에 대한 가설을 분자계통학적 관점에서 검증하기 위해 박쥐란 원종으로 불리는 18종의 엽록체DNAcpDNA 염기서열 분석을 진행했고, 그 결과 비푸카텀, 힐리아이, 베이치아이, 윌링키아이의 엽록체DNA 염기서열이 거의 동일하다고 발표한 바 있다.[18] 이 연구는 최근 학계에서 '비푸카텀 복합체' 가설을 받아들이고, 박쥐란 원종을 15종으로 분류하는 추세를 만들어냈다.

Academic Timeline of Platycerium

박쥐란 발표 연표

1800

1827

알시콘
Platycerium alcicorne
(P.Willemet) Desv., Mém.
Soc. Linn. Paris 6: 213
(1827)

코로나리움
Platycerium coronarium
(D.Koenig ex O.F.Müll.)
Desv., Mém. Soc. Linn.
Paris 6(3): 213 (1827)

스테마리아
Platycerium stemaria
(P.Beauv.) Desv., Mém.
Soc. Linn. Paris 6(3): 213
(1827)

1850

1858

왈리치아이
Platycerium wallichii
Hook., Gard. Chron.
1858: 765 (1858)

1875

윌링키아이
Platycerium willinckii T. Moore,
Gard. Chron. n.s.,
3: 301, f. 56 (1875)

그란데
Platycerium grande
(A.Cunn. ex Hook.)
J.Sm., J. Bot. (Hooker)
3: 402 (1841)

엘리펀토티스
Platycerium elephantotis Schweinf.,
Bot. Zeitung (Berlin)
29: 361, fig. (1871)

엘리시아이
Platycerium ellisii
Baker, J. Linn. Soc.,
Bot. 15: 421 (1876)

마다가스카리엔스
Platycerium madagascariense
Baker, J. Linn. Soc.,
Bot. 15: 421 (1876)

1841   **1871**   **1876**

PLATYCERIUM

19세기 초 '박쥐란Platycerium'이라는 속명이 처음 등장한 이후, 20세기 말 원종 체계가 18종으로 인정되기까지 박쥐란은 전 세계 수많은 학자들의 분류학적 연구를 통해 정립되어 왔으며, 그 연구는 오늘날까지도 이어지고 있다.

1878
힐리아이
Platycerium hillii T. Moore, Gard. Chron. n.s., 10: 51, f. 6 (1878)

1900 / 1902
완대
Platycerium wandae Racib., Bull. Int. Acad. Sci. Cracovie 58 (1902)

1909
리들리아이
Platycerium ridleyi Christ, Ann. Buit. II. Suppl. III: 8, t.2 (1909)

1950 / 1959
쿼드리디코토뭄
Platycerium quadridichotomum (Bonap.) Tardieu, Notul. Syst. (Paris) 15: 420, t.1(3-5) (1959)

1891
안디넘
Platycerium andinum Baker, Ann. Bot. (Oxford) 5(4): 496 (1891)

1906
비푸카텀
Platycerium bifurcatum (Cav.) C.Chr., Index Filic. 496 (1906)

베이치아이
Platycerium veitchii (Underw.) C.Chr., Index Filic. 497 (1906)

1970
슈퍼붐
Platycerium superbum de Jonch. & Hennipman, Brit. Fern Gaz. 10: 114, f.4,5 (1970)

홀투미아이
Platycerium holttumii de Jonch. & Hennipman, Brit. Fern Gaz. 10: 116, f.1-3, t.12 (1970)

Platycerium alcicorne 알시콘

학명 *Platycerium alcicorne* (P.Willemet) Desv.
출처 Mém. Soc. Linn. Paris 6: 213 (1827)
명명자 니케즈 데보(Nicaise A. Desvaux, 1784~1856)
원명자 피에르 빌르메(Pierre R. Willemet, 1762~1790)
UPOV 미등록
IPNI 분류 *Platycerium alcicorne* Desv.

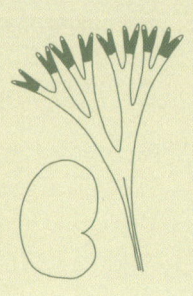
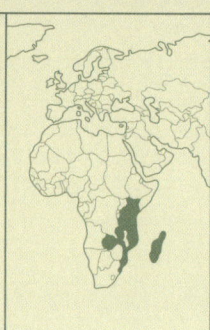

알시콘 '마다가스카르'는
성체가 되면 생장점을 기준으로
상단 영양엽 잎맥을 따라
요철 형태의 주름이 형성된다.

알시콘 '마다가스카르'
Platycerium alcicorne
'Madagascar'

PLATYCERIUM

분류의 역사

18세기 후반, 프랑스의 식물학자 장 슈타트만Jean F. Stadtmann은 모리셔스, 마다가스카르, 남아프리카공화국 등지에서 알시콘을 포함한 광범위한 식물 표본을 채집하였으며, 그 대부분을 그의 동료인 프랑스의 식물학자 피에르 빌르메Pierre R. Willemet에게 전달하였다.[19] 1796년, 피에르 빌르메는 장 슈타트만이 마다가스카르에서 채집한 표본을 근거로 이를 아크로스티쿰속 알시콘Acrostichum alcicorne[20]으로 처음 발표하였다.[21]

이후 1802년, 스웨덴의 식물학자 올로프 슈바르츠Olof Swartz는 논문《고사리의 속과 종Genera et Species Filicum》에서 피에르 빌르메가 이미 발표한 것과 동일한 학명, 아크로스티쿰속 알시콘[22]을 다시 발표하였다. 그는 논문에서 피에르 빌르메의 선행 발표를 언급하지 않았기 때문에, 이 기술은 아크로스티쿰속의 신종 발표로 간주되었다.[23] 이러한 중복 발표는 후대에 알시콘 명명 논쟁을 촉발하였고, 더 나아가 박쥐란속의 명명법적 적법성 문제로 이어졌다. 이 논쟁은 박쥐란 분류사에서 가장 장기간 이어진 공방으로 발전하였다.

올로프 슈바르츠는 18세기 후반 카리브 해와 서인도 제도를 탐사하며 방대한 식물 표본을 수집하였고, 이를 토대로 여러 논문과 저작을 발표하였다.[24] 이 지

어원	alces (사슴, 라틴어) + cornu (뿔, 라틴어)
탈락 · 변형	alces → '-es' 탈락 + '-i-' 연결모음 → alci- cornu → '-u' 탈락 → corn-
연결 모음	'-i-' (합성 시 삽입되는 모음, 의미 변화 없음)
어미	'-e' (형용사 어미, 중성 주격 단수, 3변화)
결합	alci- + corn- + -e → alcicorne
의미	'사슴뿔 같은'

퐁소넹의 기원

역은 당시 유럽 학계에 거의 알려지지 않았던 미지의 식물 보고였기 때문에 그의 연구는 큰 반향을 불러왔고, 올로프 슈바르츠는 곧 유럽 식물학계에서 확고한 권위를 확보하였다. 특히 그가 1806년에 출간한 《양치식물의 개요Synopsis Filicum》는 당대에 대작으로 평가되었으며, 그를 19세기 초 유럽에서 가장 영향력 있는 양치식물학자 중 한 명으로 자리매김하게 했다.

반면 피에르 빌르메의 인지도는 올로프 슈바르츠에 비해 현저히 낮았고, 그가 남긴 아크로스티쿰속 알시콘에 대한 기술은 지나치게 간략하여 학문적 설득력을 갖추지 못했다. 당시에는 오늘날과 같은 매체나 정보망이 발달하지 않았기 때문에, 권위 있는 학자의 저작에 실린 학명은 곧바로 학계의 표준처럼 받아들여졌다. 그 결과 아크로스티쿰속 알시콘의 분류자는 사실상 올로프 슈바르츠의 이름으로 굳어졌다. 결국 선행 발표자였던 피에르 빌르메의 공로는 국제 학계에서 인정받지 못하고, 올로프 슈바르츠의 명성에 묻혀 오랫동안 잊혀지게 되었다.

올로프 슈바르츠는 두 차례의 논문 발표를 통해 아크로스티쿰속 알시콘을 기술하였다. 첫 발표에서는 최초의 박쥐란 기술로 평가되는 레너드 플루케넷의 뉴로플라티세로스 에디오피쿠스 삽화를 인용하고 짧은 설명만 덧붙였을 뿐, 구체적인 표본이나 원산지는 전혀 제시하지 않았다.[25] 그러나 4년 뒤 간행된 《양치식물의 개요》에서는 상황이 달라졌다. 올로프 슈바르츠는 이 책에서 아크로스티쿰속 알시콘을 오늘날의 박쥐란속 알시콘과 유사한 형태로 기술하였으나, 동시에 여러 지역의 표본을 같은 항목 아래에 함께 나열하였다. 그는 마다가스카르-코네르송Madagascar-Commerson, 지금의 알시콘, 오와레-필리조Oware-Palisot, 지금의 스테마리아, 시에라리온·기니-아프젤리우스Sierra Leone·Guinea-Afzelius, 지금의 스테마리아, 자바-툰베르크Java-Thunberg, 지금의 비푸카텀, 호주-네에Nova Hollandia-Nee, 지금의 비푸

카팀의 수집 기록을 단순히 산지와 수집자 이름만으로 열거하였다.[26]

이 가운데 오와레산 표본은 프랑스의 식물학자 팔리조 드 보부아Charles Palisot de Beauvois가 1780년대 후반 서아프리카 오와레Oware, 지금의 베냉 인근 지역에서 채집한 박쥐란으로, 1804년에 이미 아크로스티쿰속 스테마리아Acrostichum stemaria[27]로 정식 발표한 것이었다.[28] 그러나 올로프 슈바르츠는 이 오와레산 표본을 별도의 종으로 인정하지 않고 아크로스티쿰속 알시콘 아래에 포함시켜, 팔리조 드 보부아의 아크로스티쿰속 스테마리아 분류를 수용하지 않는 자신의 견해를 간접적으로 드러냈다.

나머지 기록들은 당시 모두 정식으로 발표되지 않았던 미분류 표본들이었으며, 그중 일부는 후대에 신종으로 인정될 수 있었던 종까지 포함되어 있었다. 그럼에도 불구하고 올로프 슈바르츠는 자신의 견해에 따라 이들 서로 다른 집단의 표본을 구분하지 않고 하나의 분류군으로 묶어버렸고, 그 결과 아크로스티쿰속 알시콘은 마다가스카르, 서아프리카 집단은 물론, 오늘날 비푸카팀에 해당하는 동남아시아 및 호주 집단까지 동시에 포괄하는 모순적인 개념으로 변질되고 말았다.

특히 팔리조 드 보부아가 이미 스테마리아로 분류했던 표본까지 아크로스티쿰속 알시콘에 포함시킨 것은 두 학명이 동일 표본에 적용되는 심각한 명명상의 충돌을 불러왔다. 그럼에도 불구하고 19세기 초반 양치식물 분류학의 진전 속에서 이들 두 학명은 결국 박쥐란속으로 편입되었다.

1827년 프랑스의 식물학자 니케즈 데보Nicaise A. Desvaux는 올로프 슈바르츠가 사용했던 '알시콘'이라는 이름을 그대로 이어받아 박쥐란속 알시콘Platycerium alcicorne[29]으로 재분류하였다. 또한 팔리조 드 보부아의 아크로스티쿰속 스테마리아 역시 같은 속 아래에 배치하여 박쥐란속 스테마리아Platycerium stemaria, 원문

표기 stemmaria[30]로 정리하였다.[31]

이로써 원래 아크로스티쿰속에 묶여 있던 종들이 비로소 박쥐란속으로 재편되면서, 오늘날 우리가 알고 있는 박쥐란 분류체계의 기초가 마련되었다. 그러나 박쥐란속은 올로프 슈바르츠가 제시한 불안정한 알시콘 개념을 토대로 출발했기 때문에, 학계에서는 그 신뢰성을 둘러싼 논쟁이 제기되었다.

이 과정에서 같은 해 프랑스의 식물학자 고디쇼-보프레Gaudichaud-Beaupré는 새로운 속명인 알시코르니움속 *Alcicornium* Gaudich.[32]을 제안하였으며, 1845년 프랑스의 식물학자 앙투안 페Antoine L. Fée는 과거에 기술된 속명을 근거로 뉴로플라티세로스속 *Neuroplatyceros* (Endl.) Fée[33]을 제안하여 박쥐란속을 대체하려 하였다. 그러나 이러한 대체 속명 시도는 오히려 더 큰 혼란을 불러일으켰고, 19세기 전반에 걸쳐 박쥐란속의 정체성을 둘러싼 논쟁은 끊임없이 이어졌다.

20세기에 이르러 알시콘의 명명 상 문제는 다시 치열하게 논의되었다. 1910년 프랑스의 식물학자 앙리 푸아송Henri L. Poisson은 모잠비크에서 수집된 동아프리카 표본을 마다가스카르 집단과 동일한 종으로 보고, 알시콘이라는 이름을 회피하기 위해 새로운 학명 박쥐란속 바세이 *Platycerium vassei*[34]를 제안하였다.[35] 그는 '알시콘'이라는 이름이 이미 스테마리아와 충돌하고 있었기 때문에, 마다가스카르 집단에는 더 이상 적용할 수 없다고 보았다. 이후 학계에서는 한동안 바세이가 마다가스카르 집단의 이름으로 통용되었다.

그러나 1967년 네덜란드의 식물학자 헤라르두스 용체레Gerardus J. de Joncheere는 앙리 푸아송의 견해에 반대하고 박쥐란속 알시콘의 유지를 주장하였다. 그는 올로프 슈바르츠의 원기재 가운데 레너드 플루케넷의 뉴로플라티세로스 에디오피쿠스 삽화를 아크로스티쿰속 알시콘의 선정기준표본lectotype[16]으로 지정하고, 이를 근거로 알시콘이 마다가스카르·동아프리카 집단과 일치한다고 주장하였

다.³⁶

이에 대해 미국의 양치식물학자 콘라드 모턴Conrad V. Morton은 1970년, 헤라르두스 드 용체레의 견해를 반박하였다. 그는 올로프 슈바르츠가 단순히 삽화만 인용한 것이 아니라 실제 표본도 참조했을 것이라고 판단하였다. 이에 따라 《양치식물의 개요》에 기록된 '시에라리온 · 기니 – 아프젤리우스'를 근거로, 스웨덴 우프살라 대학 표본관Herbarium UPS, Uppsala University에 남아 있는 아담 아프젤리우스Adam Afzelius의 시에라리온 표본 다섯 점을 아크로스티쿰속 알시콘의 선정기준표본으로 재지정하였다. 즉, 올로프 슈바르츠의 아크로스티쿰속 알시콘은 처음부터 서아프리카 집단지금의 스테마리아을 분류한 것이며, 이를 토대로 한 박쥐란속 알시콘 분류 역시 스테마리아를 지칭한 것으로 해석하였다. 따라서 선행 발표된 스테마리아는 유지하되 알시콘은 불법명으로 간주하고 마다가스카르 집단을 지칭할 대체 종소명의 필요성을 주장하였다. 이에 따라 발표 과정에 문제가 없는 앙리 푸아송의 박쥐란속 바세이를 정명으로 확립해야 한다는 견해를 밝혔다.³⁷

그러나 미국의 식물학자 바버라 호시자키Barbara J. Hoshizaki는 1972년 발표한 논문 《박쥐란속 종들의 형태와 계통Morphology and Phylogeny of Platycerium Species》에서 다른 결론을 내렸다. 그녀는 올로프 슈바르츠의 원기재에 기술된 알시콘의 형태적 특징이 서아프리카 집단과는 현저히 다르며, 마다가스카르 집단과 일치한다고 분석하였다. 이에 따라 알시콘이 정명으로 유지되어야 하고, 바세이는 단순한 이명¹⁷에 불과하다고 주장하였다.³⁸

이어 1974년 헤라르두스 용체레는 《박쥐란속의 명명학적 고찰Nomenclatural notes on Platycerium (Filices)》을 발표하여, 콘라드 모턴의 견해를 다시 반박하며 자신의 주장을 거듭 확인하였다. 그는 레너드 플루케넷의 삽화가 현존하는 표본을 바탕으로 제작된 것이므로 선정기준표본으로 적합하다고 보았으며, 올로프 슈바르츠의 기술이 마다가스카르 집단을 지칭하는 것이 명백하다고 강조하였다.[39]

헤라르두스 용체레와 바버라 호시자키는 근대 박쥐란 분류학의 선구자로 평가되는 인물들로서, 알시콘을 정명으로 유지해야 한다는 그들의 견해는 학계에 빠르게 수용되었다. 이후 1990년 바버라 호시자키와 미국의 식물학자 마이클 프라이스Michael G. Price는 공동 저작 《박쥐란속 갱신Platycerium Update》을 통해 이러한 학계의 흐름을 정리하며, 바세이를 알시콘의 동의어로 처리하고 박쥐란속 알시콘을 정명으로 확립하였다.[40]

이처럼 올로프 슈바르츠의 불안정한 기술로 촉발된 알시콘 명명 논쟁은 박쥐란 분류사에서 가장 오래 지속된 공방으로 전개되었으며, 다소 무리한 측면에도 불구하고 결국 올로프 슈바르츠가 1802년에 발표한 아크로스티쿰속 알시콘이 박쥐란속 알시콘의 선행 분류로 인정되었다. 그러나 오늘날에는 식물 분류 데이터베이스의 정비와 규약 해석이 엄격히 적용되면서, 이보다 앞선 1796년에 이미 동일한 학명으로 마다가스카르 집단을 분류했던 피에르 빌르메의 기술이 실제 선행 분류로 인정받게 되었다. 이러한 결론은 명명 규약의 원칙상 학문적으로는 타당한 귀결이라 할 수 있으나, 한 종을 둘러싸고 200년 가까이 이어졌던 학자들의 치열한 공방이 애초에 불거지지 않았어도 되었을 혼란이었다는 점에서 허탈함을 자아낸다.

더욱이 현재 애호가들 사이에서 널리 사용되는 알시콘 '아프리카동아프리카 집단'와 알시콘 '마다가스카르마다가스카르 집단' 간의 명확한 분류 기준을 제시한 문헌이 존재하시 않는나는 사실은, 낭시 낳은 분류학적 논의가 실제 식눌의 생태적 · 형태적 연구보다는 신종 명명과 그 정당성 확보라는 학문적 욕구에 치우쳐 있었음을 시사한다.

생태와 서식환경

알시콘은 아프리카 및 마다가스카르 남동쪽 해안 지역에 서식하며, 자생지는 레위니옹, 마다가스카르, 모리셔스, 모잠비크, 세이셸, 잠비아, 짐바브웨, 코모로, 케냐, 탄자니아 등으로 알려져 있다. 그러나 짐바브웨에서는 서식지의 심각한 파괴와 밀렵으로 인해 알시콘이 멸종되었다는 보고가 있었으며,[41] 로이 베일은 그의 저서 《박쥐란 애호가 핸드북》에서 세이셸에는 알시콘이 존재하지 않는다고 기술한 바 있다.[42]

알시콘은 앞서 언급한 바와 같이 아프리카 본토에서 자생하는 분류군동아프리카 집단과 마다가스카르에서 자생하는 분류군마다가스카르 집단 사이에 형태적 차이를 보이지만, 이 두 분류군은 아직 원종이나 아종으로 분류된 적이 없다. 따라서 이 책에서는 편의상 알시콘 아프리카 *P. alcicorne* 'Africa'와 알시콘 마다가스카르 *P. alcicorne* 'Madagascar'라는 명칭을 사용하고자 한다. 다만 알시콘의 최초 발견지가 마다가스카르였으며, 현재 표본으로 등재된 다수의 표본이 알시콘 마다가스카르의 형태에 부합한다는 점을 고려하면, 알시콘 마다가스카르가 원종의 기준 표본임을 시사한다.

알시콘은 뿌리에서 자구를 형성하는 종으로, 둥근 덩어리처럼 뭉친 구형 군생을 이룬다. 구형 군생은 다수의 자구가 빠르게 형성되어 군생이 확장되며, 동시에 성장한 자구들이 겹겹이 쌓여 하나의 구조를 이루는 것이 특징이다. 통상적으로 이처럼 많은 자구를 형성하는 종은 번식적 측면에서 '다자구 군생형'이라 불린다. 앞서 설명한 고리형 군생을 이루는 종을 제외하면, 구형과 바구니형 군생을 보이는 대부분의 종이 이 다자구 군생형에 속한다.

Platycerium alcicorne
'Africa' 알시콘 '아프리카'

알시콘 아프리카의 영양엽은 알시콘 마다가스카르에 비해 둥글고 성상모의 밀도가 낮아 윤기가 나며 밝은 황록색을 띠며, 시들면서 황갈색으로 변한다. 또한 아프리카의 생식엽은 말단부로 갈수록 좁아져 뾰족한 형태를 보인다.

말단부로 갈수록 좁아져 뾰족한 형태를 보이는 알시콘 '아프리카'의 생식엽

알시콘 '아프리카'
Platycerium alcicorne 'Africa'

형태와 구조

알시콘은 짧고 굵은 평균 11개 정도의 털로 이루어진 성상모를 가지고 있다. 이 성상모는 특이하게 검은색을 띠기 때문에, 새로 전개되는 영양엽과 생식엽은 성상모에 빽빽하게 덮여 검은색으로 올라온다. 알시콘의 어린 개체에서 관찰되는 성상모는 반투명에 가까운 연회색을 띠고 있어, 성체처럼 검은색 잎을 전개하지 않는다. 개체가 중묘 정도로 성장하면 성상모의 색이 점차 짙어져 검은색에 가까워진다. 그러나 잎이 자라면서 성상모의 색이 옅어지고 많은 성상모가 탈락하여 밀도가 줄어들면서 잎의 본래 색이 나타난다.

알시콘 아프리카의 영양엽은 알시콘 마다가스카르에 비해 둥글고 성상모의 밀도가 낮아 윤기가 나며 밝은 황록색을 띠는 반면, 알시콘 마다가스카르의 영양엽은 위로 살짝 올라간 타원형에 가깝고 알시콘 아프리카에 비해 성상모의 밀도가 높아 매트한 질감의 연한 옥색을 띤다. 또한 알시콘 아프리카의 영양엽은 시들면서 황갈색으로 변하는 반면, 알시콘 마다가스카르는 검은색에 가까운 흑갈색으로 변한다.

알시콘 마다가스카르의 경우 알시콘 아프리카에서는 나타나지 않는 특징으로, 성체가 되면 생장점을 기준으로 상단 영양엽 잎맥을 따라 요철 형태의 주름이 형성된다. 이러한 주름은 강한 빛에 의해 발현되며, 빛이 부족한 환경에서는 표현되지 않는다.

알시콘의 생식엽은 정확한 양축분기 구조로, 처음 두 갈래로 갈라지고 각 방향으로 두 갈래씩 갈라지는 이분법 구조의 분기가 3~4회 정도 이어진다. 알시콘 아프리카와 알시콘 마다가스카르의 생식엽 분기 구조는 서로 동일하지만 형태적으로 차이를 보인다. 알시콘 아프리카의 생식엽은 말단부로 갈수록 좁아져 뾰족한 형태를 보이는 반면, 알시콘 마다가스카르의 생식엽은 그보다 살짝 둥근 형태를 띤다. 알시콘 아프리카의 생식엽은 성상모에 덮여 전개되지만 잎이 자라면서 성상모가 거의 탈락해 매끈한 질감의 녹색 잎으로 굳어지는 반면, 알시콘 마다가스카르의 생식엽은 완전히 성숙한 이후에도 일정량의 성상모가 남아 있어 은빛이 감도는 매트한 질감을 유지한다.

포자와 번식

알시콘은 생식엽 분기 말단에 포자낭군을 형성하며, 이 포자낭군은 분기 끝을 제외한 생식엽 뒷면 약 1/4 지점까지 분포한다. 일반적으로 알시콘은 성체가 되어야 포자낭군을 형성하지만, 빛이 부족할 경우 포자낭군의 발달이 제한된다. 특히 다른 박쥐란에 비해 포자 형성에 더 많은 빛을 요구하기 때문에, 햇빛이 드는 실내 베란다 환경에서는 포자낭군의 형성이 이루어질 수 있으나, 식물등에만 의존하는 재배환경에서는 포자낭군의 형성이 이루어지기 어렵다. 또한 동일한 개체라 하더라도 충분한 빛을 받은 생식엽에서는 포자낭군이 형성되지만, 그늘에서 자란 생식엽에서는 포자낭군이 적거나 전혀 형성되지 않을 수 있다. 이처럼 포자의 형성이 환경적 요인에 크게 좌우되는 특성으로 인해, 자연에서는 포자를 통한 번식이 제한적이며, 상대적으로 용이한 자구번식이 주요 번식 전략으로 작용한다.

Platycerium andinum

안디님

학명 *Platycerium andinum* Baker
출처 Ann. Bot. (Oxford) 5(4): 496 (1891)
명명자 존 베이커(John G. Baker, 1834~1920)
UPOV 미등록
IPNI 분류 *Platycerium andinum* Baker

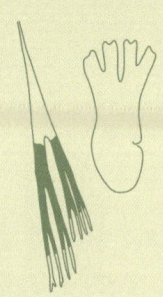

영양엽 전체 길이의 1/4 구간에서 분기가 일어난다.

분류의 역사

안디넘은 1857년 영국의 식물학자 리처드 스프루스Richard Spruce에 의해 페루 안데스 산맥에서 처음 발견되었다.

리처드 스프루스는 빅토리아 시대를 대표하는 식물학 탐험가이자 이끼류 연구자였다. 그는 1849년부터 1864년까지 15년 동안 아마존과 안데스를 탐사하며 방대한 표본을 채집하였다. 당시 영국 과학계는 식민 과학colonial science의 체계화 과정 속에서, 미지의 열대 식물을 확보하고 이를 제국의 과학 네트워크에 편입하려는 목표를 가지고 있었다. 리처드 스프루스의 활동 역시 이러한 맥락과 연결되며, 그는 영국의 큐 왕립식물원Royal Botanic Gardens, Kew[18]의 후원과 권유 속에 남미로 향했다. 특히 17세기 이후 말라리아 치료제로 전 세계적으로 활용되었던 신코나속Cinchona L.과 같은 약용 식물의 확보는 식민지 통치와 제국 경제에 직접적으로 기여할 수 있는 실용적 동기였으며, 이는 그의 탐험을 뒷받침하는 주요한 과학적·경제적 배경이 되었다.

리처드 스프루스는 1855년부터 1857년까지 페루 북부 산마르틴 주 타라포토Tarapoto에 머물며 약 1,000점 이상의 현화식물과 수백 종의 이끼 및 양치류 표본을 수집하였다.[43] 1857년 그는 안데스 산맥 구름림 지역에서 이전까지 아메리카 대륙에서는 보고된 적 없는 박쥐란을 발견하였다.[44] 이는 후일 '안디넘'으로

어원	지명 Andes (안데스)
탈락·변형	Andes → andes → '-es' 탈락 → and-
파생 접미사	'-in-' (형용사 파생 접미사)
어미	'-um' (형용사 어미, 중성 주격 단수, 2변화)
결합	and- + -in- + -um → andinum
의미	'안데스의'

종소명의 기원

명명되는 표본으로, 구대륙아프리카·아시아·오세아니아에만 분포한다고 여겨졌던 박쥐란속의 분포 범위를 아메리카 대륙으로 확장시킨 역사적 발견이었다.

1857년에 채집된 표본은 런던 큐 왕립식물원으로 전달되었지만, 리처드 스프루스는 이끼류 전문가였기에 양치류에 대해서는 별도의 기술을 하지 않았다.[45] 또한 이 시기는 엄청난 양의 해외 표본이 큐 왕립식물원으로 밀려들던 시기로, 많은 식물 표본들이 검토되지 못한 채 단순 보관에 머무르는 경우가 많았다.[46] 특히 아메리카 대륙에서 수집된 표본은 구대륙에서 발견된 신종 식물에 비해 연구 우선순위가 낮게 평가되었기 때문에, 당대 학자들의 관심에서 종종 배제되었다. 안디넘 표본 역시 이러한 상황 속에서 오랜 기간 검토되지 못한 채 큐 왕립식물원 표본관에 방치되었다.

이 표본이 발견된 지 34년이 지난 1891년, 큐 왕립식물원의 식물학자 존 베이커John G. Baker는 리처드 스프루스가 발견한 박쥐란에 발견지의 이름을 따 '안데스'를 의미하는 '안디넘'이라는 이름을 부여하고, 이를 박쥐란속 신종으로 간주하여 박쥐란속 안디넘Platycerium andinum[47]으로 정식 발표하였다.[48] 존 베이커는 당시 큐 왕립식물원에서 식물표본관Herbarium의 책임자로 재직하며, 전 세계에서 유입되는 표본의 동정과 분류를 총괄하였다. 그는 리처드 스프루스의 표본과 동시대에 수집된 다른 자료들을 근거로 학명을 확립하였으며, 이로써 안디넘은 박쥐란속의 유일한 아메리카 대륙 대표종으로 학계에 알려지게 되었다.

이후 1905년, 미국의 식물학자 루시엔 언더우드Lucien M. Underwood는 이를 고디쇼-보프레가 1827년에 제안했던 알시코르니움속에 따라 알시코르니움속 안디넘Alcicornium andinum[49]으로 재분류하였다.[50] 루시엔 언더우드는 20세기 초 박쥐란 분류에서 여러 검증과 기여를 남긴 학자로, 이미 알시콘의 사례에서 보이듯, 19세기 초 니케즈 데보가 제시한 박쥐란속의 불안정성을 지적하며 고디쇼-

보프레의 대체 속명인 알시코르니움속을 지지한 학자 중 한 명이었다. 그러나 그가 알시코르니움속을 지지하던 시기는 한 세기에 가까운 공방 속에서 다양한 대체 속명들이 점차 학계에서 힘을 잃고, 박쥐란속의 정당성이 굳어져 가던 시기였다. 이러한 시대적 분위기 속에서 루시엔 언더우드의 분류학적 업적 중 알시코르니움속 채택 시도는 함께 평가 절하되었고, 결국 알시코르니움속은 자연스럽게 학술적 분류에서 제외되었다.

생태와 서식환경

안디넘은 박쥐란 원종 중 유일하게 아메리카 대륙에 자생하는 종으로, 페루와 볼리비아 접경 안데스 산맥 동쪽 비탈에 위치한 건조한 열대 산림 지역에 서식한다. 과한 빛과 과습에 취약하여, 차광이 가능하고 비로부터 보호받을 수 있는 해발 200~400m 계곡 인근의 매우 제한적인 지역에서만 발견된다. 무분별한 농지와 도로 개발로 인해 안디넘의 서식지가 파괴되면서 한때 멸종 위기에 처했으나, 현재는 페루에 위치한 보호 구역인 코르디예라 아줄 국립공원Cordillera Azul National Park, 2000년 지정과 로이 베일의 노력으로 2001년 조성된 엘 퀴닐랄 보호 구역El Quinillal Conservation Concession에서 보호되고 있다.[51]

안디넘은 2미터 이상 자라는 아메리카 대륙에서 가장 큰 양치식물이다. 앞서 박쥐란 유형에서 언급한 바와 같이, 안디넘은 수평 방향으로 자구를 형성하며, 노제를 중심으로 배열된 고리형 군생을 이룬다. 그 모습이 아름답고 마치 왕관처럼 생겼다 하여 자생지에서는 이를 '천사들의 왕관Crown of the Angels'이라 부르기도 한다.

많은 박쥐란들이 다른 생물들과 공생 관계를 형성하는 것으로 알려져 있다. 안디넘의 경우 흰개미와 공생하는 것으로 보고되었으며,[52] 안디넘은 흰개미에게 둥지를 짓고 살아갈 수 있는 은신처를 제공하고, 흰개미의 둥지는 다른 식물 종이 안디넘의 영양엽 속에서 자라는 것을 방지한다. 그러나 흰개미 둥지에서 나오는 부산물이 영양학적으로 안디넘에게 도움이 되는지 여부는 밝혀진 바가 없다.

형태와 구조

안디넘의 영양엽과 생식엽 표면은 기본적으로 높은 밀도의 성상모로 덮여 있으며, 강한 빛에 노출될수록 전개되는 잎의 성상모 밀도는 더욱 증가한다. 박쥐란의 성상모는 종에 따라 입자의 크기와 형태가 다르다. 안디넘은 가늘고 긴, 평균 9개 정도의 털로 이루어진 성상모를 가지고 있으며, 이 성상모는 잎의 표면에 얹히듯 올려져 있어 약한 쓸림에도 쉽게 벗겨지는 특징이 있다. 안디넘은 밀도가 높은 성상모로 인해 녹색보다는 연두색에 가깝고, 표면은 반사광이 적은 매트한 질감을 나타낸다.

안디넘의 영양엽은 하단에서 상단 3/4 정도에서 크게 두 갈래로 갈라지며, 각 방향으로 두 갈래씩 갈라지는 이분법 구조의 분기가 2~3회 정도 더 이어진다. 이 분기는 영양엽 전체 길이의 약 1/4 구간에서만 형성되기 때문에, 폭이 넓고 짧아 영양엽은 전체적으로 길쭉하지만 끝부분은 뭉툭하게 갈라진 왕관 형태를 띤다. 안디넘은 종의 형태에 대한 정확한 이해가 없을 경우, 쿼드리디코터뮴이나 스테마리아와 같은 다른 박쥐란과 쉽게 혼동될 수 있다. 영양엽이 왕관 형태를 띠는 박쥐란의 경우, 어린 개체는 영양엽 분기 형태가 불안정하여 생식엽이 없는 상태에서는 종을 구별하기 어렵다. 그러나 대부분 몇 년 안에 영양엽 상단이 분기되면서 각 종의 고유한 특징이 드러나게 된다.

    하지만 안디넘은 다른 왕관 형태의 박쥐란에 비해 영양엽 상단의 분기가 깊지 않고 폭이 넓어, 완전히 성숙한 개체에서만 정확한 분기 형태를 확인할 수 있다. 야생에서 완전한 성체의 안디넘을 발견하기 어려울뿐더러, 발견하더라도 시기가 맞지 않으면 영양엽의 생존 기간이 짧은 탓에 시들어 마른 영양엽으로는 분기 형태를 식별하기가 쉽지 않다. 결국 이러한 여러 요인이 복합적으로 작용하여, 안디넘은 성장기에는 물론 성체 상태에서도 다른 박쥐란과 혼동될 가능성이 높다.

    안디넘의 생식엽은 영양엽과 마찬가지인 양축분기 구조로, 처음 두 갈래로 갈라진 후, 각 방향으로 두 갈래씩 갈라지는 이분법 구조의 분기가 3~5회 더 이어진다. 생식엽은 옆으로 퍼지지 않고 매끈한 리본처럼 아래로 떨어지며, 그 길이는 2미터를 넘기도 한다. 이렇게 길고 무게감 있는 생식엽은 위로 솟구치지 못하고 자연스럽게 아래로 늘어진다. 또한, 끝부분이 날카롭지 않고 살짝 둥근 형태로 마무리되어, 전체적으로 부드럽고 우아한 인상을 준다.

포자와 번식

    안디넘의 포자낭군은 생식엽 중간 부근에서 시작되어, 아래로는 분기 말단을 제외한 생식엽 뒷면 절반 정도까지 분포한다. 일반적으로는 생식엽 세 번째와 네 번째 분기 인근까지 형성되지만, 때로는 두 번째 분기를 포함하여 형성되기도 한다. 알시콘과 마찬가지로 생식엽 끝에는 포자낭군이 형성되지 않으며 빛의 세기에 따라 포자낭군의 형성 여부가 달라진다.

Platycerium bifurcatum 비푸카텀

학명 *Platycerium bifurcatum* (Cav.) C.Chr.
출처 Index Filic. 496 (1906)
명명자 칼 크리스텐슨(Carl Christensen, 1872~1942)
원명자 안토니오 카바닐스(Antonio J. Cavanilles, 1745~1804)
UPOV 등록 | IPNI 분류 *Platycerium bifurcatum* subsp. *bifurcatum*
Hennipman & M.C.Roos

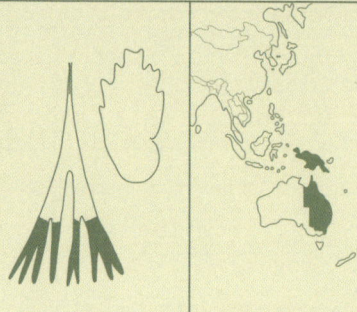

영양엽 상단에서 매우 짧고
불규칙한 톱니 모양의 분기를 형성한다.

분류의 역사

비푸카텀은 오랜 기간 다양한 이름으로, 그리고 많은 학자들에 의해 분류된 박쥐란 종 중 하나이다. 하지만 이 종을 최초로 발견한 인물에 대한 기록은 모호하여, 누구라고 단정 짓기는 어렵다. 비푸카텀은 1799년 스페인의 식물학자 안토니오 카바닐스Antonio J. Cavanilles에 의해 처음으로 아크로스티쿰속 비푸카텀 *Acrostichum bifurcatum*[53]으로 분류되었다.[54] 이후 1827년, 니케즈 데보에 의해 박쥐란속 앙구스타툼으로 재분류되었고, 1828년에는 고디쇼-보프레가 이를 알시코르니움속 울가레*Alcicornium vulgare*[55]로 새롭게 분류하였다.[56] 1905년에는 루시엔 언더우드에 의해 알시코르니움속 비푸카텀*Alcicornium bifurcatum*[57]으로 분류되었고,[58] 1906년에 이르러, 덴마크의 식물학자 칼 크리스텐슨Carl Christensen에 의해 박쥐란속 비푸카텀*Platycerium bifurcatum*[59]으로 분류되어[60] 현재까지 정명[19]으로 인정받고 있다.

비푸카텀은 전 세계에서 가장 널리 재배되고 유통되는 박쥐란 종이다. 국내에서도 '박쥐란'이라는 이름으로 가장 흔하게 유통되는 종이 바로 이 비푸카텀이다. 그러나 안타깝게도, 비푸카텀은 국내는 물론 해외에서도 상당수가 알시콘으로 오인되어 유통되고 있다.

비푸카텀은 1906년에야 '비푸카텀'이라는 종소명으로 박쥐란속에 정식 분류되었다. 그 이전까지는 알시콘 분류사에서 언급했듯이 오늘날 비푸카텀으로 분

어원	bi (둘, 라틴어) + furca (갈래, 라틴어)
파생 접미사	'-t-' (분사 파생 접미사)
어미	'-um' (형용사 어미, 중성 주격 단수, 2변화)
결합	bi- + furca- + -t- + -um → bifurcatum
의미	'두 갈래로 갈라진'

종소명의 기원

류되는 표본들이 아크로스티쿰속 알시콘의 분류군에 포함되거나 '앙구스타툼' 등으로 불리며, 명확한 정체성을 갖지 못한 상태였다. 이러한 분류상의 혼란이 있었던 시기, 비푸카툼은 이미 1800년대부터 호주에서 유럽, 특히 네덜란드로 유입되어 재배 및 개량되었고, 이후 전 세계로 유통되기 시작했다.

이처럼 비푸카툼이 학명으로 정식 규정되기 이전부터 국제적으로 유통되었기 때문에, 당시 유통 과정에서는 '비푸카툼'이라는 이름이 사용되지 않았을 가능성이 크며, 다른 유통명이나 유사한 박쥐란 종의 이름으로 통용되었을 것으로 보인다. 실제로 바버라 호시자키는 저서 《양치류 재배 가이드 Fern Grower's Manual》에서, 1887년 미국 플로리다의 '로열팜 종묘장 Royal Palm Nurseries'이 발행한 식물 전단에 비푸카툼으로 보이는 식물이 '알시콘'으로 표기되어 판매된 사례를 소개하였다.[61] 그녀는 이를 통해, 비푸카툼의 분류와 명명 문제가 단지 과거 학계에 국한된 사건이 아니라, 전 세계 원예계로까지 파급되었음을 시사하였다.

이처럼 생물의 학명이 정립되는 속도와 그 명칭이 일반 유통 체계에 반영되는 속도 사이에 간극이 존재할 경우, 초기에 잘못 정해진 이름이 그대로 통속명으로 고착되어 이후 정식 학명이 규정되더라도 명명상의 오류를 바로잡기 어려운 상황이 발생할 수 있다. 이러한 역사적 배경은 비푸카툼이 알시콘으로 오인되어 유통되는 사례가 현재까지도 이어지는 데 주요한 요인으로 작용했을 가능성이 있다.

실제로 2024년 3월 기준 농림축산검역본부의 검역 통계에 따르면, 대한민국은 지난 10년간 총 269,508주의 박쥐란 묘를 네덜란드로부터 수입하였으며, 코로나19로 식물 수요가 급증한 2020년부터 2022년 사이 3년 동안에만 194,900주가 수입되었다.[62] 이 가운데 상당수가 '알시콘'으로 표기된 비푸카툼이었고, 그 결과 현재 국내에서 유통되는 다수의 비푸카툼이 여전히 잘못된 이

틈인 '알시콘'으로 사래되고 있나. 이러한 냉냉상의 혼단은 특징 시혁에 국민된 문제가 아니라 네덜란드를 비롯한 국제 원예 시장에서도 오늘날까지 지속되고 있음을 보여준다. 이는 학계에서 한 종의 분류가 정립되거나 재정립된 이후 그 체계가 원예계에까지 반영되어 정착되기까지 상당한 시간이 소요된다는 사실을 단적으로 입증하는 사례이다.

생태와 서식환경

비푸카텀은 뉴기니, 호주 퀸즐랜드 및 뉴사우스웨일스 해안을 따라 분포하는 호주 일대의 자생종이다. 생명력이 강하고 환경 적응성이 뛰어나 재배품종으로서 충분한 자질을 지니고 있으며, 이러한 특성 덕분에 유럽과 미국 등지에서 널리 재배되었다. 이후 더 나은 품질과 관상성을 추구한 재배자와 육종가들에 의해 다양한 개량이 이루어졌고, 그 결과 비푸카텀 '네덜란드' *Platycerium bifurcatum* 'Netherlands'와 비푸카텀 '플로리다' *Platycerium bifurcatum* 'Florida'와 같은 재배품종의 탄생으로 이어지게 되었다.[63]

이들 품종명에 등장하는 네덜란드와 미국 플로리다주는 현재 세계 최대의 비푸카텀 재배지이자 공급처로 알려져 있다. 19세기 초, 호주에서 유럽으로 유입된 비푸카텀은 네덜란드 알스메르 Aalsmeer를 중심으로 대량 재배되었으며, 이후 유럽 전역과 미국으로 전파되었다. 특히, 미국에서는 플로리다주를 중심으로 대량 재배되면서 아메리카 대륙 전역으로 퍼져나갔다. 이처럼 네덜란드와 미국을 중심으로 대량 재배된 비푸카텀은 각국의 서로 다른 재배 방식과 육종 과정을 거치며, 마치 자연 상태에서 발생한 아종이나 변이종처럼 원종과는 다른 외형적

특징을 갖게 되었다.[64]

관상성이 뛰어나고 생명력 및 번식력이 우수한 비푸카텀은 다양한 지역에서 재배되는 과정에서 품종화된 개체들이 자연으로 이주[20]하여 토착화되는 사례가 자주 보고되고 있다. 2001년 미국 플로리다주 남동부 브로워드 카운티 로더데일Lauderdale의 한 가정에서 재배되던 비푸카텀이 포자를 날려 인근 거리의 참나무에 이주한 뒤, 불과 1년 만에 25개체로 늘어난 사례가 보고되었다. 이어 2002년에는 로더데일에서 서쪽으로 약 11km 떨어진 탑스 카운티 공원Tops County Park 숲에서 19개체가 군생을 이루고 있는 것이 확인되었다.[65] 이는 비푸카텀이 알시콘과 마찬가지로 다자구 군생형 박쥐란의 특성을 지니고 있음을 보여준다. 단독으로 이주한 개체가 불과 1년 만에 20여 개체가 모인 바구니형 군생을 형성할 수 있었던 요인은, 강한 생명력과 더불어 다수의 자구를 빠르게 형성하여 개체군을 확장할 수 있는 뛰어난 번식력 때문이다.

이처럼 비푸카텀은 강한 생명력과 번식력을 바탕으로 세계 여러 지역에서 토착화되었으며, 일부 지역에서는 침입종[21]으로 분류되었다. 현재 미국 본토와 하와이, 남아프리카, 스페인, 뉴질랜드령 쿡제도에서는 비푸카텀을 침입종으로 지정하여 관리하고 있다.

형태와 구조

비푸키텀은 안디넘에 비해 굵고 짧은, 평균 7개 정도의 딜로 이루어진 성상모를 가지고 있다. 잎의 색은 채도가 살짝 짙은 연녹색을 띠며, 빛이 강할수록 성상모의 밀도가 높아지고 엽록소는 감소하여 전체적으로 더 연한 녹색을 띠게 된다. 비푸카텀 어린 개체의 영양엽은 상단 분기가 형성되지 않거나 투박한 형태를 띠며, 생식엽 또한 분기 형성이 불안정하여 넓고 투박한 형태를 보인다. 그로 인해 비푸카텀의 어린 개체는 알시콘으로 오인되는 경우가 많다. 특히 앞서 언급한 유통 과정에서의 잘못된 학명 표기가 둘 사이의 혼동을 더욱 가중시키고 있다. 하지만 이 둘 사이에는 성상모의 차이라는 확연한 구별점이 존재한다. 알시콘은 비푸카텀에 비해 절반 정도 크기의 성상모를 가지고 있고, 성상모의 양도 적어 잎 면적에 비해 밀도가 낮은 편이다. 이로 인해 알시콘은 성상모가 거의 없는 것처럼 보이며, 잎 표면에서 윤기가 도는 반면, 비푸카텀은 알시콘에 비해 크고 긴 털로 이루어진 성상모가 잎을 높은 밀도로 덮고 있어 매트하고 윤기 없는 질감을 나타낸다.

비푸카텀은 성체가 될수록 영양엽이 위로 솟아오르며, 상단에 매우 짧고 불규칙한 분기를 형성한다. 이러한 분기 구조는 언뜻 보면 이가 나간 무딘 톱날처럼 보이기도 하며, 이는 알시콘이나 다른 왕관형 박쥐란과 구별되는 비푸카텀만의 특징이다. 비푸카텀의 영양엽은 보통 1~2개월을 넘기지 못하고 시들어 갈변하는 것이 일반적이다. 그러나 적절한 온도와 수분이 공급되는 재배 환경에서는 영양엽의 생성 속도가 빨라져, 건강한 상태의 영양엽을 주기적으로 관찰할 수 있다.

비푸카텀의 생식엽은 성체가 될수록 점차 길어지며 분기 또한 깊고 복잡해진다. 그 분기 형태는 알시콘이나 안디넘처럼 양축분기 구조를 따르지 않고, 처음에는 두 갈래로 굵고 뚜렷하게 갈라진 뒤, 마주보는 갈래의 안쪽을 따라 일정한 간격으로 나무의 곁가지와 유사한 분기가 약 두 차례 이어진다. 이 곁분기들은 더 이상 갈라지지 않거나, 경우에 따라 두 갈래로 나뉘기도 한다. 처음 갈라졌던 주된 분기의 말단 역시 추가적인 갈라짐 없이 끝나거나, 한 차례 정도 더 갈라지며 전체 구조가 마무리된다.

  이러한 분기 구조는 단축분기가 기본이 되고, 곁분기가 이분법을 따르는 복합적인 구조로, 상당히 복잡한 형태를 보인다. 언뜻 보면 불규칙한 분기 형태로 인식될 수 있지만, 설명한 바와 같이 일정한 분기 형성 패턴을 따른다.

포자와 번식

  비푸카텀이 성숙하면 생식엽 말단에 포자낭군이 형성되며, 이는 생식엽 뒷면 약 1/3 지점까지 분포한다. 일반적으로 비푸카텀의 포자낭군은 생식엽 끝까지 이어지지만, 미성숙 개체나 불안정한 환경에서 자란 개체에서는 알시콘과 유사하게 끝부분에 포자낭군이 형성되지 않고 일부 구간에만 제한되기도 한다. 따라서 포자낭군의 위치만을 기준으로 두 종을 구별할 때에는 주의가 필요하다. 포자낭군을 형성할 정도로 충분히 성숙한 비푸카텀은 위로 솟아 불규칙하게 분기된 영양엽을 지니고 있어, 영양엽이 둥근 형태를 띠는 알시콘과 쉽게 구별된다.

  비푸카텀은 다자구 군생형 박쥐란답게 뿌리자구를 통한 번식이 활발할 뿐 아니라, 척박한 환경에서도 포자의 발아율이 높아 포자 번식 역시 활발히 이루어진다. 이러한 특성으로 인해 비푸카텀은 전 세계 여러 지역에 토착화될 정도로 강한 번식력을 자랑한다.

Platycerium coronarium

코로나리움

학명 *Platycerium coronarium* (D.Koenig ex OFMüll.) Desv.
출처 Mém. Soc. Linn. Paris 6(3): 213 (1827)
명명자 니케즈 데보(Nicaise A. Desvaux, 1784~1856)
원명자 오토 뮐러(Otto F. Müller, 1730~1784)
제안자 요한 쾨니히(Johann G. König, 1728~1785) | UPOV 미등록
IPNI 분류 *Platycerium coronarium* (J.Koenig) Desv.

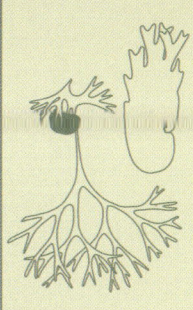

상단 생식엽

생식엽은 외형적으로 짧고 분기가 적은 상단 생식엽과 길고 분기가 많은 하단 생식엽으로 구별된다.

하단 생식엽

분류의 역사

코로나리움의 최초 기록 및 분류학적 기원은 발트 독일[22] 출신의 식물학자이자 의사인 요한 쾨니히[Johann G. König. D. Koenig과 J. Koenig은 모두 요한 쾨니히(Johann G. König)의 학명 표기 약자로, 통상적으로는 J. Koenig이 사용된다. 그러나 1785년, 오스문다속 코로나리아(Osmunda coronaria)를 공식적으로 기술한 오토 뮐러(Otto F. Müller)는 요한 쾨니히의 의사 직함을 반영하여 D. Koenig으로 표기하였다. 이로 인해 코로나리움의 학명에는 이례적으로 D. Koenig이 사용되었다.]에게서 비롯된다. 그는 1783년 3월 28일, 덴마크의 식물학자 오토 뮐러[Otto F. Müller]에게 보낸 서신에서 이 종을 오스문다속 코로나리아[Osmunda coronaria][66]로 언급하였으며, 오토 뮐러는 이를 바탕으로 1785년 발표한 논문에서 해당 종을 정식으로 기술함으로써 코로나리움을 세상에 처음 소개하였다.[67]

요한 쾨니히와 오토 뮐러의 협력 관계는 덴마크 왕실이 주도한 대규모 식물도감 편찬 사업 《덴마크의 식물지[Flora Danica]》[23]를 매개로 형성되었다. 요한 쾨니히는 1764년부터 1766년까지 덴마크령 보른홀름과 아이슬란드에서 식물 표본을 수집하며 이 프로젝트의 초기 표본 수집자로 활동하였고, 당시 이 식물도감의 제2대 편집자로 있던 오토 뮐러와 학술적 교류를 시작하였다.

1767년 이후 덴마크-할레 선교부 소속 선교 의사로 인도 트랑케바르[24] 등에 파견된 요한 쾨니히는 의약 식물에 대한 수집과 연구를 지속하면서도 오토 뮐러

어원	corona (왕관, 라틴어)
탈락 · 변형	corona → '-a' 탈락 → coron-
파생 접미사	'-ari-' (형용사 파생 접미사)
어미	'-um' (형용사 어미, 중성 주격 단수, 2변화)
결합	coron- + -ari- + -um → coronarium
의미	'왕관 같은'

종소명의 기원

와의 학술적 협력을 이어갔다. 이처럼 코로나리움에 대한 첫 언급과 명명은 요한 쾨니히의 동남아시아 및 인도 지역 식물 수집 활동과 《덴마크의 식물지》 편찬 시기의 오토 뮐러와의 학술적 협력의 결실로 이해할 수 있으며, 유럽 외 지역의 식물상이 유럽 학계에 소개되고 정식 학술 명명으로 연결된 대표적 사례로 평가된다.

코로나리움의 분류학적 변천은 이후에도 이어졌으며, 1802년에는 올로프 슈바르츠가 이를 아크로스티쿰속 비폼 *Acrostichum biforme*[68]으로 재분류하였고,[69] 1827년, 니케즈 데보가 박쥐란속 코로나리움 *Platycerium coronarium*[70]으로 분류함으로써,[71] 현재의 학술적 분류 체계가 정립되었다.

이후에도 여러 학자들에 의해 몇 차례 재분류가 시도되었으나, 1905년 루시엔 언더우드에 의해 알시코르니움속 코로나리움 *Alcicornium coronarium*[72]으로 분류된 사례[73] 이후로는, 특별히 주목할 만한 새로운 분류 제안은 제기되지 않았다. 그러나 20세기 후반, 코로나리움과 형태적으로 유사하지만 일부 형질에서 차이를 보이는 개체가 보고되면서, 일시적으로 코로나리움의 분류학적 재검토 가능성이 제기된 바 있다. 1987년, 말레이시아 파당 루나스 인근 마을에서 말레이시아 식물학자 아지즈 비딘 Aziz Bidin과 라자리 자만 Razali Jaman에 의해 발견된 이 박쥐란은, 뿌리줄기 비늘이 코로나리움에 비해 짧고 좁으며, 상단 생식엽이 하단보다 길고 넓고, 포자엽의 형태가 콩팥 모양이 아닌 나비의 날개처럼 퍼지는 특징을 보였다. 이러한 형태적 차이를 근거로 새로운 종으로 간주되어 박쥐란속 플라티로붐 *Platycerium platylobum*[74]이라는 학명으로 공식 발표되었다.[75] 그러나 1990년 바버라 호시자키는 이를 코로나리움의 변이형으로 해석하고 동의어로 처리하였으며, 이후 학계도 이러한 견해를 수용하여 현재는 코로나리움의 이명으로 남아 있다.

생태와 서식환경

코로나리움은 라오스, 말레이시아, 미얀마, 베트남, 인도네시아수마트라와 보르네오, 캄보디아, 태국, 필리핀 등지의 열대 밀림에서 서식하는 동남아시아 일대 자생종이다. 말레이시아에서는 전통 약용식물로 사용되어 발열, 불규칙한 월경 주기, 쓸개즙 이상 등의 치료제로 활용되기도 했다.[76]

종소명 '코로나리움'은 라틴어로 '왕관'을 뜻하며, 이는 코로나리움의 영양엽 형태에서 비롯된 것으로 보인다. 여러 박쥐란 종이 왕관 모양의 영양엽을 지니지만, 코로나리움은 그중에서도 길게 위로 뻗어 분기된 영양엽의 형태가 이름 그대로 왕관을 연상시킬 만큼 인상적이다. 여기에 무수한 분기를 이루며 아래로 늘어지는 생식엽이 더해져, 전체적으로 조화로운 구조와 우아한 외형을 띠고 있다.

이러한 형태적 특징으로 코로나리움은 오랫동안 박쥐란 애호가들의 주요 수집 대상이 되었으며, 필리핀에서는 무분별한 채집과 서식지 파괴가 겹쳐 멸종 위기에 처하게 되었다.[77] 이에 따라 필리핀 정부는 2017년 지정한 '필리핀 멸종위기 식물 목록Updated National List of Threatened Philippine Plants and Categories'에 코로나리움을 '심각한 멸종위기종CR'으로 포함시키고, 이를 보호 대상으로 지정하여 관리하고 있다.[78]

코로나리움은 평균 습도 70% 내외의 밝은 그늘이나 직사광이 드는 환경에서도 서식할 수 있으며, 해발 최대 1,000m 고도에서도 발견된다. 특히 필리핀에서는 루손, 카탄두아네스, 사마르, 보홀 등 일부 지역에서만 자생하는 것으로 보고되고 있다.[79] 이러한 제한된 분포는 서식지의 환경적 차이에 따른 형태적 변이를 유발하며, 루손과 카탄두아네스 지역 개체는 다른 지역에 비해 생식엽이 전체식으로 짧은 생장을 보인다. 특히 카탄두아네스 개체는 생식엽이 더욱 짧고 풍성하게 자라는 특징이 두드러진다. 이러한 지역적 특성은 곧 '작고 풍성한 생식엽'이라는 형질을 활용한 품종 개발로 이어지기도 하였다. 과거에 리틀애니 *P. coronarium* 'Little Annie' 라는 이름으로 필리핀 내에서만 유통되었던 개체를 비롯하여,[80] 코로나리움 드워프 *P. coronarium* 'Dwarf' 라는 이름으로 국내에 소개된 개체는 이 리틀애니와 유전적으로 밀접한 관련이 있을 것으로 추정된다.

코로나리움은 과습에 매우 취약한 구조적 특성을 지니고 있다. 영양엽 하단부는 다른 박쥐란에 비해 두껍고 치밀한 조직으로 이루어져 있어 많은 수분을 저장할 수 있다. 이러한 구조는 물 공급이 부족한 환경에서는 유리하게 작용하지만, 과도한 수분에 장시간 노출되면 뿌리 조직이 쉽게 부패하여 개체가 고사할 위험이 크다. 특히 영양엽이 시들면 두꺼운 코르크질 조직으로 변화하면서, 흡수된 수분이 체내에 오랫동안 머무르게 되어 과습의 위험이 더욱 높아진다. 코로나리움은 이러한 구조적 취약점을 극복하기 위해 뿌리자구를 형성하지 않는 종임에도 불구하고, 뿌리줄기를 분화시켜 군생을 이루는 놀라운 진화적 전략을 보여준다. 일정 수준 이상으로 성장한 개체는 뿌리줄기에서 나뭇가지처럼 새로운 뿌리줄기를 영양엽 밖으로 뻗어내며, 그 끝의 생장점에서 새로운 개체를 분화시킨다. 이렇게 번식된 개체들은 성장하여 또 다시 뿌리줄기를 좌우로 확장해 착생 대상을 고리 형태로 감싸는 군생을 형성하게 된다.

일반적으로 군생을 이루는 박쥐란들은 뿌리에서 자구를 형성하여 이를 이루기 때문에 거대한 뿌리 조직을 모든 군체가 서로 공유하게 된다. 하지만 코로나리움은 각 개체가 뿌리를 공유하지 않기 때문에 하나의 개체가 과습으로 손상되더라도 전체 군생에 영향을 미치지 않으며, 군생 전체로 보았을 때 과습에 대한 저항성이 크게 향상된다. 또한 서로가 뿌리줄기로 연결되어 있어 체내의 수분이 정체되지 않고 각 개체 간 공유가 가능하므로, 수분 운용에 있어서도 상당히 효율적인 면모를 보인다.

반면, 포자로 번식된 어린 개체는 이러한 방어 구조를 갖추기 전 단계이기 때문에 과습에 취약할 수밖에 없다. 이로 인해 코로나리움은 포자를 통한 번식이 힘들고, 어린 개체의 생존율이 낮으며 관리가 까다로워, 재배 난이도가 높은 박쥐란으로 평가된다.

형태와 구조

코로나리움은 가늘고 긴, 평균 7개 정도의 털로 이루어진 성상모를 가지고 있으며, 이는 안디넘과 유사한 구조를 지니고 있다. 다만, 안디넘은 성상모의 밀도가 높아 잎 표면을 빽빽하게 덮고 있는 반면, 코로나리움은 밀도가 매우 낮아 자세히 들여다봐야 그 유무를 식별할 수 있을 정도이다. 이로 인해 잎 표면은 윤기가 나고 선명하며 밝은 녹색을 띤다. 코로나리움이 자생하는 지역은 연중 기온이 높고 강수량이 풍부하여, 대기 중 습도가 항상 높은 편이다. 이러한 환경에서는 잎 표면의 수분 증발이 적기 때문에 성상모와 같은 털이 발달할 필요가 없으며, 오히려 성상모가 적은 매끈한 잎 표면이 생장에 더 유리하게 작용한다.

코로나리움의 영양엽은 생장점을 기준으로 하단부는 착생 대상을 감싸고, 상단부는 직립한다. 영양엽 하단에서 상단 2/3 지점에 이르면 여러 갈래로 갈라지며, 각 방향으로 두 갈래씩 갈라지는 이분법 구조의 분기가 2~3회 정도 더 이어진다. 이때 영양엽은 수직으로 꼿꼿하게 솟아오르며, 다른 왕관형 박쥐란의 영양엽에 비해 길이가 길고 폭은 좁아, 전체적으로 날렵하고 화려한 인상을 준다.

수직으로 뻗은 잎맥은 분기 중심을 따라 살짝 휘어지며, 기둥을 집어놓은 듯한 낮은 굴곡을 형성한다. 이 굴곡이 잎의 수직성을 더욱 강조해 코로나리움의 화려함을 배가시킨다.

코로나리움의 생식엽은 외형적으로 짧고 분기가 적은 상단 생식엽, 타원 형태의 포자엽, 길고 분기가 많은 하단 생식엽 이렇게 세 가지 형태로 구분할 수 있다. 코코로나리움의 생식엽은 처음 두 갈래로 갈라지며, 한쪽 분기는 짧은 간격으로 각 방향으로 한두 갈래씩 갈라지는 분기가 3회 정도 이어진다. 이 부분을 상단 생식엽이라고 하며, 이 생식엽은 길이가 짧고 힘이 있어 위로 뻗는 특징이 있지만, 분기 형태는 완벽하지 못한 편이다. 상단 생식엽 옆으로 갈라진 다른 분기에는 타원형의 포자엽과 길고 아래로 처지는 하단 생식엽이 함께 나타난다. 하단 생식엽은 포자엽 바로 옆에서 길게 뻗어 두 갈래로 갈라지며, 각 방향으로 두 갈래씩 갈라지는 이분법 구조의 분기가 3~5회 정도 더 이어진다. 하단 생식엽은 상단 생식엽에 비해 길고 분기 수가 많아, 그 무게감으로 아래로 처지며 성장한다.

포자와 번식

대부분의 박쥐란은 생식엽 일부에 포자낭군을 형성하지만, 코로나리움은 생식엽 첫 번째 분기 부근에서 한쪽으로 분리되어 발달한 포자엽에 포자낭군을 형성한다. 코로나리움의 포자엽은 타원형 국자를 엎어놓은 듯한 형태를 띠며, 그 모습이 인체의 콩팥과 유사해 해외에서는 흔히 '콩팥 형태 kidney-shaped' 잎으로 불린다.

또한 코로나리움의 포자낭에는 길고 가는 털이 발달해 있다. 이는 다른 박쥐란 종에서는 잘 관찰되지 않는 극히 일부 종의 고유한 특징으로, 포자낭의 내구성을 높여 외부 환경으로부터 포자를 보호하고, 성숙한 포자가 포자엽에서 방출될 때 공기 중으로 자연스럽게 확산되도록 돕는다. 이러한 특성은 코로나리움이 특정 환경에서 생존과 번식 효율을 극대화하기 위해 발달시킨 진화적 적응으로 해석된다. 자연 상태에서는 이 털이 포자의 발아를 간접적으로 돕는 역할을 하지만, 재배 환경에서는 포자낭을 통째로 용토에 파종하는 특성상 포자낭의 털은 쉽게 부패한다. 이로 인해 곰팡이가 발생하면 발아율이 현저히 떨어지고, 결국 발아가 실패로 이어질 수 있다. 이러한 문제로 코로나리움의 인공 번식은 매우 어려운 편에 속하지만, 최근에는 털의 부패를 최소화하는 기술적 방법이 발전하면서 인공 번식률이 점차 향상되고 있다.

한편, 코로나리움이 유묘에서 갓 성체로 접어들며 생성한 포자낭에는 이러한 털이 형성되지 않거나 미숙하게 발달하여, 성숙한 개체에 비해 상대적으로 더 높은 발아율을 보인다. 이는 털의 부패로 인한 곰팡이 발생 위험이 줄어들기 때문으로 해석되며, 인공 번식에서는 이러한 초기 성체의 포자가 상대적으로 더 적합한 재료로 평가된다.

Platycerium elephantotis

엘리펀토티스

학명 *Platycerium elephantotis* Schweinf.
출처 Bot. Zeitung (Berlin) 29: 361, fig. (1871)
명명자 게오르그 슈바인푸르트(Georg A. Schweinfurth, 1836~1925)
UPOV 미등록
IPNI 분류 *Platycerium elephantotis* Schweinf.

잎맥은 세로 방향의 굵은 주맥과 이를 가로지르는 세맥이 돌출되어 있어, 코끼리 귀에 돌출된 혈관을 연상시킨다.

분류의 역사

엘리펀토티스의 분류사는 1855년 오스트리아 출신 식물학자 프리드리히 벨위치Friedrich Welwitsch가 앙골라 골룽고 알토Golungo Alto 원시림을 탐사하던 중 채집한 표본에서 비롯된다.[81] 당시 앙골라는 포르투갈의 식민지였으며, 프리드리히 벨위치는 1853년부터 1861년까지 포르투갈 정부의 후원을 받아 앙골라 전역을 탐사하며 약 10,000점에 달하는 표본을 채집하였다.[82] 이 가운데에는 후일 박쥐란속 앙골렌스Platycerium angolense[83]라는 학명으로 불리게 되는 박쥐란 표본도 포함되어 있었다.

프리드리히 벨위치는 앙골라 체류 기간 동안 정규 급여의 부족으로 인해 심각한 경제적 어려움에 직면하였다. 그는 이를 해결하기 위해 수집한 표본 일부를 영국 식물학계에 판매하여 탐사 경비를 충당하였는데, 이러한 행위는 훗날 포르투갈 정부와의 갈등을 불러일으키는 빌미가 되었다. 1861년 탐사를 마친 그는 포르투갈 내 연구 기반의 부재를 이유로 정부로부터 런던 체류 허가를 받아, 큐 왕립식물원과 대영박물관British Museum에서 자신의 표본을 연구할 기회를 얻었다. 당시 큐 왕립식물원의 원장이었던 윌리엄 후커William J. Hooker와 대영박물관의 식물학자들은 프리드리히 벨위치에게 전폭적인 지원을 제공하여, 그는 안정적인 급여를 보장받으며 표본 정리와 식별 작업에 전념할 수 있었다.

어원	ἐλέφας (코끼리, 그리스어) + ὠτός (귀, 그리스어)
탈락·변형	ἐλέφας → 라틴어화 elephas → 속격 elephantis → '-is' 탈락 → elephant- ὠτός → 라틴어화 otis
결합	elephant- + -otis → elephantotis
의미	'코끼리의 귀'

종소명의 기원

이러한 과정에서 포르투갈 정부는 프리드리히 벨위치와 영국 식물학계 산의 긴밀한 관계가 자국의 식물학적 업적이 영국에 귀속되는 결과로 이어질 가능성을 우려하였다. 이에 따라 프리드리히 벨위치가 과거 앙골라에서 수집한 표본 일부를 영국 학계에 판매하였다는 의혹을 제기하며 자금 지원을 전면 중단하였고, 그 결과 양측의 관계는 급격히 악화되었다.[84]

이러한 상황 속에서도 윌리엄 후커와 당시 그의 제자였던 존 베이커는 프리드리히 벨위치를 도와 그가 수집한 방대한 식물 표본의 연구를 지속하였으며, 많은 식물을 새롭게 분류하고 발표하는 성과를 거두었다. 1865년 윌리엄 후커가 사망한 이후에도 존 베이커는 그와의 연구를 이어받아, 1868년 프리드리히 벨위치가 앙골라에서 채집한 박쥐란 표본을 박쥐란속 앙골렌스라는 이름으로 처음 소개하였다.[85] 그러나 그는 앙골렌스를 독립된 신종으로 다루지 않고, 이미 윌리엄 후커가 1862년 에티오피아산 표본을 근거로 발표한 박쥐란속 에디오피쿰*Platycerium aethiopicum*[86]의 동의어로 처리하였다.[87]

이러한 처리는 단순한 분류학적 판단이라기보다는, 앙골라 표본을 에디오피쿰과 연결함으로써 윌리엄 후커의 에디오피쿰을 박쥐란속 신종으로 정착시키려는 의도가 반영된 것으로 해석할 수 있다. 그러나 후대 검토 결과 에디오피쿰은 독립된 신종이 아니라 스테마리아의 이명으로 판정되었고, 이에 따라 프리드리히 벨위치가 채집한 앙골라 표본 또한 스테마리아로 귀속되는 해석이 일반화되었다. 다만 이는 실제 표본 그 자체에 근거해 확정된 결론이라기보다는, 존 베이커가 에디오피쿰과 동일시했던 분류학적 해석의 연장선에서 내려진 귀속에 불과하다. 따라서 프리드리히 벨위치가 채집한 박쥐란이 실제로 스테마리아였는지는 오늘날까지도 단정할 수 없다. 이 시기 프리드리히 벨위치는 포르투갈 당국과의 갈등으로 인한 재정적 압박과 장기간 탐사에서 비롯된 건강 악화가 겹쳐, 자신이 채집한 표본의 신종 여부나 분류학적 지위에 대해 적극적으로 관여하기 어려운 상태에 있었다. 이러한 상황은 결과적으로 그의 표본이 독립적으로 재평가되지 못하고, 존 베이커의 해석에 의존한 채 분류사 속에 편입되도록 만든 요인으로 작용했을 것으로 추정된다.

한편 프리드리히 벨위치는 1872년 건강 악화로 사망하였으며, 유언에 따라 생전에 수집한 대부분의 식물 표본을 대영박물관에 기증하고자 했다. 그러나 포르투갈 정부는 해당 표본의 전권 소유를 주장하며 이를 인정하지 않았고, 이로 인해 영국과 포르투갈 사이에 약 3년간 법적 분쟁이 이어졌다. 결국 양국은 표본을 분할 보관하는 데 합의하였으며,[88] 오늘날에도 그의 표본은 큐 왕립식물원과 대영박물관을 비롯한 주요 학술 기관에서 중요한 연구 자료로 활용되고 있다.

같은 시기, 또 다른 지역에서는, 독일의 탐험가이자 식물학자 게오르그 슈바인푸르트Georg A. Schweinfurth가 1868년 베를린의 알렉산더 폰 훔볼트 재단으로부터 동아프리카 내륙 탐사 임무를 부여받고, 이듬해인 1869년 1월 수단 하르툼을 출발하여 백나일강을 따라 남하하는 여정을 시작하였다.

그는 콩고 인근의 니암니암Niam-Niam, 지금의 아잔데(Azande) 부족 거주지를 거쳐, 1870년 우엘레강Uele River을 발견하는 성과를 거두었다. 같은 해, 니암니암 지역을 탐사하던 중 게오르그 슈바인푸르트는 생식엽이 코끼리 귀처럼 옆으로 넓게 퍼지는 독특한 양치식물을 발견하였고, 이를 박쥐란속의 일종으로 판단하였다. 그는 1871년 이 식물을 '엘리펀토티스elephantotis'로 명명하고, 박쥐란속 엘리펀토티스*Platycerium elephantotis*[89]로 공식 발표하였다.[90]

당시에는 잉골렌스와 엘리펀토티스 간의 관계에 대한 체계적인 비교 연구가 부재하였기 때문에, 학계에서는 존 베이커의 앙골렌스와 게오르그 슈바인푸르트의 엘리펀토티스를 동일한 박쥐란으로 간주하고 앙골렌스를 엘리펀토티스의 선행 분류로 인정하였다. 그러나 이 시기 에디오피쿰은 이미 스테나리아의 이명으로 처리되어 효력을 상실하였고, 더 이상 학계에서 거론되지 않았다. 앙골렌스 또한 동일하게 에디오피쿰의 동의어로 기술된 이상, 명명법상 폐기되었어야 할 학명이었다.

그럼에도 불구하고 앙골렌스가 엘리펀토티스의 선행 발표로 인정된 것은, 프리드리히 벨위치의 현장 채집이라는 권위와 함께 당대에 훌륭한 분류 저작으로 평가되었던 《양치식물의 개요》에 수록되었다는 상징성 때문이었다. 이로 인해 앙골렌스는 오랫동안 사실상 독립된 신종처럼 회자되었고, 결과적으로 게오르그 슈바인푸르트의 엘리펀토티스는 앙골렌스의 동의어로 간주되었다. 이러한 해석이 뒤집히기 전까지 약 100여 년 동안 앙골렌스가 정명으로 통용되었다.

그러나 1972년 바버라 호시자키는 저서 《박쥐란속 종들의 형태와 계통》을 통해, 앙골렌스와 엘리펀토티스의 형태적 특징과 생태적 특성을 종합적으로 비교한 결과 두 종 사이에 실질적인 차이가 없음을 밝혔다. 그녀는 존 베이커가 1868년에 발표한 앙골렌스가 사실상 1862년에 기술된 에디오피쿰의 동의어로 처리된 것에 불과하여 유효한 신종 발표로 인정될 수 없음을 지적하였으며, 반면 게오르그 슈바인푸르트가 1871년 삽화와 함께 명확히 기술한 엘리펀토티스는 국제식물명명규약ICBN의 요건을 충족한다고 보아, 결과적으로 엘리펀토티스를 정명으로 확립해야 한다고 주장하였다.[91]

이에 대해 1970년 콘라드 모턴은 앙골렌스가 이미 출판된 시점이 앞서므로 명명의 우선권 원칙에 따라 정명으로 인정되어야 한다고 반박하였으나,[92] 1974년 헤라르두스 용체레는 다시 이를 반박하며, 앙골렌스가 실제로는 독립 신종으로 다루어진 것이 아니라 기존 종의 동의어로 기술되었음을 명확히 하였다.[93] 이로써 앙골렌스와 엘리펀토티스를 둘러싼 학술적 논쟁은 종결되었지만, 당시 원예계와 식물 애호가들 사이에서는 여전히 앙골렌스라는 이름이 널리 사용되었다. 이후 1980년대 중반 로이 베일의 저서 《박쥐란 애호가 핸드북》이 출간되면서 올바른 학명인 엘리펀토티스가 대중에게 알려지기 시작했고, 빠르게 정착하였다. 오늘날에는 앙골렌스라는 학명은 학계는 물론 일반 재배 환경에서도 거의 사용되지 않는다.

생태와 서식환경

엘리펀토티스는 아프리카 열대 지역에 자생하는 박쥐란으로, 가나, 가봉, 기니, 나이지리아, 라이베리아, 르완다, 말라위, 모잠비크, 부룬디, 수단, 시에라리온, 앙골라, 우간다, 에티오피아, 자이르, 잠비아, 중앙아프리카공화국, 카메룬, 코트디부아르, 탄자니아, 케냐 등 아프리카 중부 및 동부 전역에 걸쳐 서식한다. 해발 200~1,500미터 사이의 초원지대나 숲 가장자리의 큰 나무 중단 또는 하단부에 주로 착생하며, 나뭇잎이나 가지에 의해 직사광이 적절히 차단되고 통풍이 원활한 환경에서 주로 발견된다.

엘리펀토티스의 자생지는 주로 열대 사바나 기후와 열대 몬순 기후 지역에 해당하며, 이 중에서도 건기와 우기가 명확히 구분되는 열대 사바나 기후 지역에 더 넓게 분포하고 있다. 열대 사바나 기후는 연중 고온을 유지하면서도, 우기에는 강우가 집중되고 건기에는 수개월 이상 매우 건조한 상태가 지속되는 것이 특징이다. 일부 열대 몬순 기후 지역에 서식하는 엘리펀토티스는, 전반적으로 고온다습한 환경 속에서도 항상 습한 저지대 밀림보다는, 통풍이 원활하고 일교차가 존재하는 산지나 고원지대의 숲 가장자리처럼 상대적으로 건조한 미세환경에서 주로 관찰된다.

엘리펀토티스는 뿌리에서 자구를 형성하는 박쥐란 중 하나이며, 안디넘, 쿼드리디코토뮴, 윌링키아이 등과 함께 영양엽이 상단으로 길게 솟고 생식엽은 아래로 늘어지는 형태를 가진다. 이러한 구조로 인해 모체의 상단과 하단은 잎에 가려 빛이 부족한 환경이 되며, 이 부위에서 자구가 형성되더라도 생장이 제한되어 성체로 발달하지 못하는 경우가 많다. 반면, 좌우 방향은 상대적으로 빛이 잘 들어오는 개방된 위치로 자구의 생장에 유리한 조건을 제공한다. 실제로 엘리펀토티스는 좌우 뿌리 부위에서 자구를 집중적으로 생성하며, 이 중에서도 생장이 왕성한 자구만이 살아남아 성체로 자라게 된다. 이러한 방식이 반복되면서 자구가 좌우 방향으로 확산되고, 결과적으로 모체를 중심으로 착생 대상을 둘러싸는 '고리형 군생'이 형성된다.

일부 아프리카 지역에서는 엘리펀토티스를 민간 약제로 활용하기도 하였다. 과거 탄자니아에서는 어린이의 말라리아성 경련 Malaria tropica 을 예방하기 위한 전통적인 치료법으로 엘리펀토티스의 생육 중인 잎에서 짜낸 즙을 복용시켰다는 기록이 보고된 바 있다.[94] 이러한 문화적 활용은 엘리펀토티스가 단순한 관상용 식물을 넘어, 현지인의 삶과 밀접하게 연결된 생물자원임을 보여주는 사례로 평가된다.

형태와 구조

엘리펀토티스는 안디넘과 비푸카텀의 중간 정도 길이와 굵기를 가진, 평균 7개 정도의 털로 이루어진 성상모를 가지고 있다. 자연 상태에서는 어린 개체일

수록 성상모의 밀도가 높아 잎 표면이 매트한 질감을 띠지만, 성체가 되면서 성상모의 밀도는 상대적으로 낮아져 표면이 약간 윤기가 나는 질감으로 변한다. 다만 성상모가 완전히 소실되지 않기 때문에, 매끈한 표면을 보이는 코로나리움과는 뚜렷한 차이가 있다. 이러한 변화는 단순한 외형적 차이가 아니라, 성장에 따라 건기와 우기가 교차하는 자생지의 계절적 기후에 적응하는 생리적 전략의 일부로 해석할 수 있다. 건기에는 외부 수분 공급이 급격히 감소하기 때문에, 어린 개체는 성상모를 통해 수분 증발을 억제하고, 강한 햇빛이나 고온, 병원균 등 다양한 환경 스트레스로부터 조직을 보호해야 한다.

그러나 성체로 발달함에 따라 잎의 두께와 조직 강도가 증가하고, 뿌리의 수분 흡수 능력 또한 향상되면서, 보호 기능의 상당 부분을 외부 구조물인 성상모보다 내부 구조적 특성에 의존하게 된다. 그 결과 성상모는 점차 탈락하고, 잎 표면은 보다 매끄럽고 구조적으로 견고한 형태로 전환된다.

엘리펀토티스는 영양엽과 생식엽 모두에 분기가 형성되지 않는다. 이는 모든 박쥐란 중 엘리펀토티스에만 나타나는 고유한 특성이다. 엘리펀토티스의 영양엽은 생장점을 기준으로 하단부는 착생 대상을 넓게 감싸고, 상단부는 분기 없이 위로 곧게 솟은 뒤 말단부에서 부채꼴로 퍼지는 형태를 띤다.

하단부 잎맥은 가로나 대각선 방향으로 안쪽으로 살짝 파인 음각을 이루며, 상단부는 세로로 길게 뻗은 주맥들이 바깥으로 튀어나와 양각을 형성한다. 이러한 입체적인 잎맥 구조는 통기성을 높이는 동시에, 잎이 위로 단단히 설 수 있도록 도와준다. 특히 영양엽 하단부는 다른 박쥐란 종에 비해 육질이 두껍고 수분 저장 능력이 뛰어나, 우기에는 조직 내 수분이 효과적으로 축적되고, 건기에는 이 수분을 활용해 생존을 유지하는 데 기여한다.

엘리펀토티스의 생식엽은 거대하게 발달하며, 자체 무게로 인해 자연스럽게 아래로 늘어진다. 잎은 말단으로 갈수록 점차 넓어져 선체적으로 역삼각형의 형태를 이룬다. 잎맥은 세로 방향의 굵은 주맥과 이를 가로지르는 세맥들이 바깥으로 돌출되어, 표면에는 강한 굴곡이 형성된다. 생식엽은 영양엽과 마찬가지로 분기가 없어 전체적으로 단순해 보이나, 뚜렷한 굴곡이 입체적인 구조를 이루어 독특한 질감과 강인한 인상을 준다. 이러한 외형은 거칠고 투박한 혈관이 드러난 코끼리 귀를 연상시키며, 종소명의 유래를 뒷받침하는 특징이 된다.

넓은 표면적은 조직 내 수분을 일정 기간 저장할 수 있는 장점이 있어 건기를 견디는 데 효과적으로 작용한다. 그러나 동시에 넓고 평평한 잎은 강풍이나 외부 충격에 취약하며, 수분이 과도하게 머무를 경우 처짐이나 괴사가 발생하기도 하므로, 재배 환경에서는 이에 대한 세심한 관리가 요구된다.

포자와 번식

엘리펀토티스는 생식엽 양쪽에 각각 한 개씩 커다란 포자낭군을 형성한다. 이 포자낭군은 생식엽 뒤쪽 말단부에서 중간 지점까지 넓은 삼각형 형태로 분포하며, 시간이 지나 포자가 익으면 포자낭이 마르거나 포자낭군에서 탈락하면서 포자가 방출된다. 이 시점부터 생식엽은 점차 시들기 시작하여 결국 떨어지게 된다. 이후 그 위쪽에서 새로운 생식엽이 자라나 성장하고 다시 포자낭군을 형성하는 생식엽 순환이 반복된다. 이러한 생장 특성으로 인해 엘리펀토티스는 항상 양쪽에 1~2장의 생식엽만 관찰되는 것이 일반적이다.

Platycerium ellisii

엘리시아이

학명 *Platycerium ellisii* Baker
출처 J. Linn. Soc., Bot. 15: 421 (1876)
명명자 존 베이커(John G. Baker, 1834~1920)
UPOV 미등록
IPNI 분류 *Platycerium ellisii* Baker

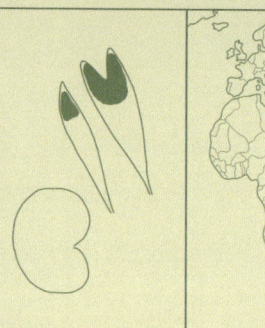
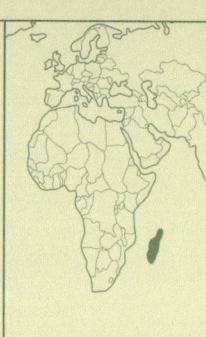

영양엽이 겹겹이 쌓이면서 안쪽에 직경 2~3센티미터 내외의 공기층이 형성된다.

PLATYCERIUM

분류의 역사

엘리시아이는 1870년 마다가스카르에서 활동하던 영국의 선교사 윌리엄 엘리스William Ellis에 의해 처음 수집되었다.[95] 윌리엄 엘리스는 런던 선교회London Missionary Society 소속으로 마다가스카르에서 선교 활동과 함께 현지 자연환경과 식물상에 대한 탐구 활동을 병행하며, 마다가스카르 전역의 다양한 지역에서 식물 표본을 수집하였다. 윌리엄 엘리스는 식물학자가 아닌 선교사였지만, 수집한 표본의 정확한 라벨링, 자세한 채집지 정보, 생태적 맥락까지 기록한 점에서 당대 과학자들로부터 높은 평가를 받았다.

윌리엄 엘리스가 활약하던 시기, 큐 왕립식물원은 전 세계에서 수집된 식물 표본을 통합적으로 연구하고 분류하는 중심지로 부상하고 있었다.[96] 19세기 중엽 큐 왕립식물원의 원장직을 역임한 윌리엄 후커와 그 뒤를 이은 아들 조셉 후커Joseph D. Hooker는 광범위한 식민지 식물 수집 네트워크를 구축하여 전 세계 식물자원을 한데 모아 분류학적 연구를 진행하였다. 큐 왕립식물원의 표본관Herbarium은 후커 부자의 노력으로 급속히 확장되었는데, 세계 각지에서 보내온 식물 표본 수백만 점이 과, 속, 종 단위로 엄격히 정리·보관되어 연구에 제공되었다.[97] 특히 영국의 과학자, 선교사, 식물학자들은 식민지 및 영향권 지역에서 새로운 식물을 발견하면 이를 건조 표본이나 종자, 살아 있는 식물 형태로 큐 왕립식물원에 전달하였고, 큐 왕립식물원에서는 이러한 자원을 체계적으로 편찬

어원	인명 Ellis (엘리스)
탈락·변형	Ellis → ellis-
어미	'-ii' (남성 소유격 단수 어미)
결합	ellis + -ii → ellisii
의미	'엘리스를 기리는' '엘리스에게 바치는'

종소명의 기원

하고 분석하는 분류 체계를 발전시켰다. 마다가스카르처럼 비록 공식적인 영국령 식민지는 아니었지만, 런던 선교회 소속 선교사들의 활동 무대였던 지역에서도 식물 수집이 활발히 이루어졌다. 윌리엄 엘리스가 마다가스카르에서 보낸 표본들이 그 대표적인 사례로, 큐 왕립식물원은 이를 통해 해당 지역의 고유 식물상에 대한 지식을 크게 확장할 수 있었다.

윌리엄 엘리스가 1853년부터 1856년까지 세 차례에 걸쳐 마다가스카르를 방문하였을 때 윌리엄 후커와의 본격적인 학술 교류가 시작되었다. 윌리엄 후커는 이미 폴리네시아 및 하와이 지역에서 윌리엄 엘리스가 수집한 식물 표본을 접한 경험이 있었으며, 그가 과학적 기여를 할 수 있는 채집자임을 일찍이 인식하고 있었다.[98]

당시 마다가스카르에서 수집된 표본들 역시 큐 왕립식물원으로 전달되었고, 그중 일부는 《커티스 보태니컬 매거진 Curtis's Botanical Magazine》 등을 통해 소개되었다.[99] 1860년, 윌리엄 후커는 윌리엄 엘리스가 수집한 난초류 중 하나를 신종으로 인정하며 그라마토필룸 엘리시아이 *Grammatophyllum ellisii*라는 학명을 부여하고, 해당 식물의 삽화와 설명을 함께 출판하였다.[100] 이는 윌리엄 엘리스의 기여가 공식적으로 식물학계에서 인정을 받은 대표적인 사례다.

1865년 윌리엄 후커가 사망한 후, 큐 왕립식물원의 원장직은 그의 아들 조셉 후커에게로 계승되었다. 조셉 후커는 아버지의 학문적 유산을 이어받아, 큐 왕립식물원에 수집된 식민지 식물 표본을 체계적으로 재검토하고 정리하는 과정을 추진하였다. 특히 그는 새로운 분류군을 설정하거나 명명할 때, 수집자의 공헌을 학명에 반영하는 방식으로 경의를 표하였다. 이 과정에서 윌리엄 엘리스가 수집한 박쥐란속 표본 중 하나가 기존 박쥐란 종들과 명확히 구분되는 형태적 특성을 지닌다는 사실을 확인하였고, 박쥐란속 엘리시아이 *Platycerium ellisii*[101]라는 학명을 제안하였다.[102] 조셉 후커는 이 표본이 학문적으로 중요한 가치를 지닌 신종임을 인정하고, 큐 왕립식물원 내 등록 절차를 통해 이 명명을 공식화하였다.

이후 존 베이커는 1876년, 이 종을 정식 기술하며 라틴어 진단과 함께 박쥐란 속 엘리시아이 학명을 확정하였다.[103] 존 베이커는 당시 큐 왕립식물원의 양치식물 분류를 전담하고 있었으며, 아프리카와 마다가스카르에서 유입된 식물의 정리를 주도하였다. 그는 엘리시아이의 생식엽 구조와 영양엽 분기 방식 등 주요 형태적 특징을 상세히 기술하였으며, 이를 바탕으로 기존 박쥐란속 분류 체계 내에서 엘리시아이가 독립된 종임을 분명히 하였다. 또한 그는 본 표본이 윌리엄 엘리스에 의해 수집되었음을 명확히 밝히며, 그 과학적·역사적 가치를 부각시켰다.

생태와 서식환경

엘리시아이는 마다가스카르에만 자생하는 박쥐란 고유종으로, 북동부 연안의 맹그로브 숲과 인근 저지대에서 주로 서식한다. 마다가스카르 북동부는 연중 고온다습한 열대 우림 기후로 특히 이 종의 주요 서식지는 해안선에 가까운 저지대로, 조수 간만의 영향으로 습도가 극단적으로 높은 환경이며, 진흙 바닥에 뿌리를 내리고 자라는 맹그로브 나무들이 군락을 이루는 지역이다. 마다가스카르의 맹그로브 숲은 고온다습하고 강수량이 많은 열대 해안 지역에 형성되며, 울창한 수관층으로 인해 직사광선이 거의 차단되어 빛이 희미한 반음지 상태가 지속된다. 이처럼 밀폐되고 음습한 환경에서는 증산작용이 억제되므로, 식물체가 뿌리를 통해 과도한 수분을 흡수할 필요성이 크지 않다.

엘리시아이는 이러한 환경에 적응한 독특한 생리적 특성을 지닌다. 특히 이 종의 뿌리는 다른 박쥐란에 비해 상대적으로 짧고, 대부분 영양엽의 내부에 밀착되거나 그 안쪽에 활착되어 있는 형태를 띤다. 성체의 경우, 영양엽이 층층이 겹겹이 쌓이면서 그 안쪽에 직경 2~3센티미터 내외의 공기층 공간이 형성된다.

이 공간은 영양엽 표면과 내부 사이에 생기는 일종의 공기주머니로, 내부는 외부 공기와 차단된 채 비교적 안정된 미세환경을 유지하는 구조다. 현재까지 알려진 바에 따르면, 이러한 공기층을 형성하는 박쥐란은 엘리시아이가 유일하며, 이는 종 고유의 구조적 특징으로 간주된다.[104] 다만 이 공기층이 어떠한 생리적 기능을 수행하는지, 예를 들어 습도 유지, 부패 억제, 미생물 공생 등과 관련이 있는지에 대해서는 아직 과학적으로 명확히 규명된 바 없다.

엘리시아이는 뿌리자구 확장을 통해 구형 군생을 이루는 박쥐란 중 하나이지만, 자구 발생 빈도와 군생 확대 속도가 낮은 편이어서 자구 형성이 활발한 다른 종들에 비해 비교적 소규모의 군생을 이루는 경향이 있다. 이러한 특성은, 하나의 거대한 개체만 형성하고 포자에 의존해 번식하는 단독형 종과, 다수의 자구를 빠르게 형성하여 군생을 확장하는 다자구 군생형 종 사이에 위치한 중간적인 번식 전략으로 해석된다. 단독형 종은 주로 높은 위치에서 착생하여 포자의 확산 가능성을 높이는 전략을 택하고, 동시에 큰 영양엽을 발달시켜 수분과 유기물을 저장함으로써 생존 기반을 자체적으로 확보한다.

반면, 다자구 군생형은 하나의 나무에서 여러 개체가 밀집하여 거대한 군집체로 자라며, 낙엽과 수분을 효과적으로 포획하고 일부 개체가 손실되더라도 다른 개체를 통해 생존을 유시할 수 있는 구조적 이점을 지닌다.

엘리시아이는 이러한 두 전략 사이에서 제한적인 자구 번식과 포자 번식을 병행하며, 구조적으로는 군생형이지만 기능적으로는 포자 번식에 대한 의존도가 높은 중간적 특성을 보인다.

 이는 습도와 수목 밀도가 높은 서식 환경에서 자구의 급속한 확산보다는, 국소적 군집 형성과 안정적인 포자 생산이 더 효과적인 번식 전략으로 작용했기 때문으로 해석된다. 즉, 엘리시아이는 자구 번식을 통해 소규모 군생을 형성하면서도, 종 전체의 확산과 보존에는 포자 번식에 보다 크게 의존하는 균형적이고 보수적인 생존 전략을 택하고 있는 셈이다.

형태와 구조

 엘리시아이는 알시콘 아프리카와 거의 흡사한, 짧고 굵은 평균 9개 정도의 털로 이루어진 성상모를 가지고 있다. 알시콘 아프리카와 마찬가지로, 새로운 잎이 나올 때에는 성상모가 빽빽하게 덮인 채 전개되지만, 잎이 성장하면서 대부분의 성상모는 자연스럽게 떨어져 나가고, 표면은 윤기 나는 질감으로 굳어진다.
 엘리시아이의 영양엽은 알시콘 아프리카와 유사한 연녹색의 둥근 형태를 띠기 때문에, 생식엽이 아직 성숙하지 않은 어린 개체의 경우 두 종을 육안으로 구분하기 어려울 정도로 외형이 닮아 있다.
 어린 개체에서는 생식엽 분기가 거의 나타나지 않지만, 성숙함에 따라 생식엽은 두 갈래로 갈라지는 양축분기를 형성하게 된다. 생식엽은 아래로 갈수록 점차 넓어지며, 말단부 약 1/4 지점에서 두 갈래로 비교적 얕게 갈라진 뒤 분기가 마무리된다. 끝부분은 날카롭지 않고 부드럽게 둥글게 마무리되므로, 전체적인 형태가 하트를 닮은 잎으로 묘사되기도 한다.
 엘리시아이는 생식엽에 나타나는 특이한 병리적 현상으로도 주목된다. 생식엽 표면에 검붉은 보라색을 띤 원형 또는 불규칙한 반점이 병변처럼 나타나는 경우가 있으나, 현재까지 이 반점의 정확한 원인은 밝혀지지 않았다. 일각에서는 곰팡이성 병해 혹은 바이러스성 감염일 가능성이 제기되지만, 이에 대한 실험적 검증은 아직 이루어지지 않았다. 흥미로운 점은 이러한 반점이 육안으로 뚜렷하게 나타남에도 불구하고, 식물의 전반적인 생육이나 생식에는 특별한 악영향을 미치지 않는다는 것이다. 이러한 병변은 다른 박쥐란 종에서는 거의 보고된 바 없는 드문 사례로, 엘리시아이의 특수한 생태 환경이나 유전적 특성과 연관되어 있을 가능성이 있다.

포자와 번식

엘리시아이는 생식엽 말단에 포자낭군이 형성되며, 이는 생식엽 끝부분을 약간 남겨둔 채 뒷면 약 1/3 지점까지 분포한다.

다만 엘리시아이의 포자낭군은 다른 박쥐란 종들에 비해 형성 속도가 느리고 빈도가 낮으며, 충분히 성숙한 개체에서만 관찰되는 경우가 많다. 이러한 특성은 종 전체의 느린 생장 속도와 함께, 포자의 양보다는 생존 가능성과 환경 안정성을 중시하는 보수적인 번식 전략과 연관되어 있을 가능성이 있다. 즉, 엘리시아이는 특수한 서식 환경 조건에 적응하여, 개체 수를 급격히 늘리기보다는 제한된 자원을 활용해 생존 가능성이 높은 개체를 안정적으로 유지하려는 번식 경향을 보이는 것으로 추정된다.

Platycerium grande 그란데

학명 *Platycerium grande* (A.Cunn. ex Hook.) J.Sm.
출처 J. Bot. (Hooker) 3: 402 (1841)
명명자 존 스미스(John Smith, 1798~1888)
원명자 윌리엄 후커(William J. Hooker, 1785~1865)
제안자 앨런 커닝햄(Allan Cunningham, 1791~1839) | UPOV 미등록
IPNI 분류 *Platycerium grande* (A.Cunn. ex Hook.) J.Sm.

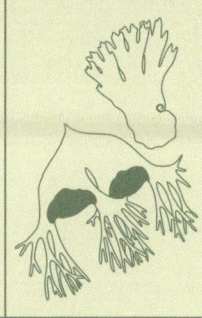
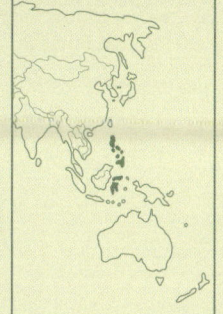

생식엽당 2개의 포자낭군을 형성

분류의 역사

그란데는 1828년, 영국의 식물학자 앨런 커닝햄Allan Cunningham에 의해 처음 발견되었다. 당시 앨런 커닝햄은 영국의 호주 식민지 확장이 한창이던 시기, 호주 모튼베이Moreton Bay와 달링다운스Darling Downs를 연결하는 현재의 커닝햄스 갭Cunninghams Gap 탐사 임무를 띠고, 스코틀랜드 출신 패트릭 로건Patrick Logan 선장이 이끄는 탐험대에 합류하여 브리즈번강과 헤이스팅스강 유역을 조사하였다.

이 탐사 과정에서 그는 기존에 본 적 없는 거대한 양치식물을 발견하고, 라틴어 명명 규칙에 따라 '그란데grande, 거대함'라 명명한 뒤, 아크로스티쿰속 그란데 *Acrostichum grande*[105]로 분류하였다. 이 발견은 탐사에 동행한 뉴사우스웨일스 식민지의 식물학자 찰스 프레이저Charles Fraser가 1830년 집필한 《뉴홀랜드 동해안 브리즈번강과 로건강 유역에서의 두 달간 체류 일지Journal of a Two Months Residence on the Banks of the Rivers Brisbane and Logan, on the East Coast of New Holland》에에 기록되었으며,[106] 그 일지는 윌리엄 후커에게 전달되어 논문에 수록되는 방식으로 세상에 알려졌다.

큐 왕립식물원이 아직 국가 식물원으로 체계화되기 이전, 윌리엄 후커는 글래스고 대학교Glasgow University 식물학 교수로 재직 중이었으며, 이 시기 찰스 프레

어원	grandis (큰, 라틴어)
탈락·변형	grandis → '-is' 탈락 → grand-
어미	'-e' (형용사 어미, 중성 주격 단수, 3변화)
결합	grand- + -e → grande
의미	'큰' '거대한'

종소명의 기원

이저로부터 앨런 커닝햄이 수집한 아크로스티쿰속 그란데의 표본과 관련 설명이 담긴 서신을 전달받았다. 윌리엄 후커는 이를 바탕으로 1830년 학계에 아크로스티쿰속 그란데를 공식 보고하였다.[107]

이러한 과정으로 인해 앨런 커닝햄은 아크로스티쿰속 그란데의 원명자로 자리매김하였지만, 탐사 일지를 남긴 찰스 프레이저는 명명권적 지위를 확보하지 못하게 되었다.

그로부터 약 10년 후인 1841년, 윌리엄 후커가 큐 왕립식물원의 초대 원장으로 부임한 같은 해, 큐의 수석 큐레이터로 임명된 영국의 식물학자 존 스미스 John Smith는 필리핀 루손에서 수집된 두 종의 박쥐란 표본을 검토하였다. 그중 하나는 1828년 독일 태생의 네덜란드의 식물학자 칼 블루메 Carl L. Blume가 분류한 박쥐란속 비폼 *Platycerium biforme*, 지금의 코로나리움[108]과 일치함을 확인하였고, 나머지 하나는 앨런 커닝햄의 아크로스티쿰속 그란데와 동일하다고 판단하였다. 이에 따라 존 스미스는 이 두 표본이 서로 다른 종임을 명시하고, 앨런 커닝햄의 그란데를 박쥐란속으로 재분류하여 박쥐란속 그란데 *Platycerium grande*[109]라는 조합명으로 학계에 공식 발표하였다.[110]

당시에는 명명 규약상 기준표본 type specimen[25] 지정의 중요성이 현재만큼 강조되지 않았던 탓에, 존 스미스의 분류는 별다른 이견 없이 사실상 정명으로 받아들여졌고, 필리핀과 호주에서 자생하는 서로 다른 개체군이 하나의 종으로 통합되는 인식이 오랜 기간 유지되었다.

한편, 존 스미스의 박쥐란속 그란데 발표 이후인 1845년, 프랑스의 식물학자 앙투안 페는 필리핀에서 수집된 '커밍 157 Cuming 157'[26] 표본을 바탕으로 이 종을 뉴로플라티세로스 그란디스 *Neuroplatyceros grandis*[111]로 재분류하였다.[112] 이후 1850년, 독일의 식물학자 구스타프 쿤체 Gustav Kunze는 이 분류를 박쥐란속에 다시 편입하면서 원명자authorship로 앙투안 페를 반영하여 박쥐란속 그란데 *Platycerium grande*[113]를 새로운 조합으로 다시 분류하였다.[114] 이들 조합은 그란데 분류의 후발 중복 분류로 취급되어 당시 학계에서 정명으로 받아들여지지 않았고, 기준표본의 지정이나 명명 안정성보다 선행 발표의 우선권이 중시되던 시대적 분위기 속에서 존 스미스의 조합명이 오랫동안 사실상의 정명으로 간주되었다.

그러한 인식이 굳건히 유지되던 가운데, 130여 년이 지난 1970년, 박쥐란 분류학계에 중대한 전환점이 되는 사건이 일어났다. 네덜란드의 식물학자 헤라르두스 용체레Gerardus J. Joncheere와 엘버트 헤니프만이 오랜 분류체계에 정면으로 반기를 들고, 그란데에 대한 새로운 분류학적 견해를 제시한 것이다. 두 사람은 《박쥐란속의 두 새로운 종과 박쥐란속 그란데의 동정Two new species of Platycerium and identification of P. grande (Fée) Presl》[27]이라는 논문을 통해, 오랫동안 하나의 종으로 간주되어 왔던 그란데의 필리핀 자생종과 호주 자생종을 각각 박쥐란속 그란데와 박쥐란속 슈퍼붐*Platycerium superbum*[115]이라는 별개의 종으로 재분류하였다.[116]

이들은 두 집단 사이의 형태적 차이에 근거하여 각각의 독립된 종 지위를 주장하였으며, 특히 호주 자생종이야말로 아크로스티쿰속 그란데를 최초로 명명한 앨런 커닝햄의 기초 표본 형질에 가장 잘 부합한다고 보았다. 이에 따라 두 저자는 필리핀 자생종 표본이 아닌 호주 자생종 표본을 그란데의 선정기준표본으로 지정하는 것이 타당하다고 판단하였다.

그러나 1961년, 호주의 식물학자 메리 틴데일Mary Tindale에 의해, 당시의 명명규약인 〈국제식물명명규약〉에 따라 박쥐란속 그란데의 선정기준표본으로 필리핀 자생종인 '커밍 157' 표본이 이미 지정된 상태였다. 규약에 따라 종명은 해당 기준표본과 반드시 연동되어야 했기 때문에, 그란데의 선성기준표본을 호주 자생종 표본으로 다시 지정할 수는 없었다. 결국 이들은 자신들의 분류학적 견해와는 별개로, 명명 규약을 존중하여 필리핀 자생종을 박쥐란속 그란데로 인정하고, 호주 자생종에 대해서는 박쥐란속 슈퍼붐이라는 새로운 학명을 부여할 수밖에 없었다.

그란데라는 종소명을 부여한 종의 최초 발견지가 호주였다는 사실을 고려할 때, 호주 자생종이 원래의 그란데에 더 부합한다는 시각은 이후에도 꾸준히 제기되었으며, 이는 필리핀 자생종을 기준으로 한 이후의 분류 체계에 대한 재검토 주장으로 이어졌다. 그럼에도 불구하고, 이러한 주장 역시 국제식물명명규약의 기준에 비추어볼 때 필리핀 자생종을 박쥐란속 그란데로 인정할 수밖에 없다는 점에는 대체로 공감하였다.[117]

한편, 헤라르두스 용체레와 엘버트 헤니프만의 발표 이후, 오랫동안 그란데의 정명으로 받아들여져 왔던 존 스미스의 조합명에 대한 오류가 본격적으로 제기되었다. 존 스미스가 1841년 이 종을 재분류할 당시, 최종적으로 참고한 표본은 필리핀에서 수집된 것이었지만, 그가 학명을 설정하는 근거로 삼은 것은 앨런 커닝햄이 호주에서 발견한 아크로스티쿰속 그란데였다. 다시 말해, 존 스미스의 분류는 발견지와 실물 표본이 일치하지 않는 서로 다른 출처의 두 표본이 혼용된 결과로 이어졌으며, 이는 기준표본을 바탕으로 학명을 적용해야 한다는 〈국제식물명명규약〉의 원칙에 위배되므로, 그의 조합명이 정명으로 받아들여지기에는 분류학적 타당성이 부족한 것으로 간주되었다.

이러한 학계의 분위기 속에서, 한때 존 스미스의 조합명에 밀려 후발 중복 분류로 간주되었던 구스타프 쿤체의 조합명이 다시 주목받기 시작하였다. 구스타프 쿤체의 분류는 앙투안 페가 '커밍 157' 표본을 바탕으로 기술한 뉴로플라티세로스 그란디스를 근거로, 이를 박쥐란속 그란데로 재조합한 것이기 때문에, 존 스미스의 조합명보다 기준표본과의 실질적 연계성 측면에서 〈국제식물명명규약〉에 더욱 부합하는 분류로 평가되었다.

이에 따라 최근의 분류학자들은 출판 연도는 다소 늦더라도, 기준표본의 지정이 명확하고 규약 적용상 결함이 없는 구스타프 쿤체의 '*Platycerium grande* (Fée) Kunze'를 정명으로 받아들이는 추세에 있으며, 이는 종명 적용에 있어 형식적 우선권보다 기준표본과의 실질적 연계성과 명명 안정성을 중시하려는 현대 식물분류학의 경향을 반영하는 것으로 해석된다.

다만 이러한 학술적 정리와는 달리, 일반 재배계에는 여전히 과거의 분류 인식이 잔존해 있다. 이미 호주 자생종으로 분류된 슈퍼붐은 현재까지도 그란데라는 이름으로 유통되는 경우가 많으며, 이로 인한 혼동은 오늘날까지도 지속되고 있다.

생태와 서식환경

그란데는 최근까지 필리핀에서만 자생하는 종으로 알려져 있었다. 그러나 2020년, 인도네시아의 식물학자 데디 다르나에디Dedy Darnaedi와 린 클레이튼 Lynn Clayton은 논문 《난투 지역의 박쥐란속 그란데, 인도네시아 술라웨시에서의 박쥐란속의 새로운 기록The Nantu Platycerium grande (Polypodiaceae), a new generic record of Platycerium in Sulawesi, Indonesia》을 통해 2014년, 2015년, 2019년에 걸쳐 인도네시아 술라웨시섬 고론탈로Gorontalo의 난투 야생동물 보호구역Nantu Wildlife Sanctuary에서 그란데가 자생하고 있음을 보고하였다.[118] 이는 인도네시아 자생 분류군에 대한 비교적 최근의 보고로, 현재까지는 법정 식물 등록기관이나 분류 데이터베이스에서 술라웨시를 공식 자생지로 인정한 사례는 드문 실정이다.

필리핀 북부 루손섬Luzon은 과거 그란데의 주요 서식지였으나, 최근에는 루손섬을 포함한 대부분의 필리핀 지역에서 야생 개체가 거의 관찰되지 않고 있다. 현재는 필리핀 남부 민다나오섬Mindanao의 술탄쿠다랏Sultan Kudarat과 마귄다나오Maguindanao 지역에서 일부 야생 개체가 보고되고 있다.

'박쥐란의 왕'이라 불리는 그란데는 화려한 외형 탓에 무분별한 수집의 대상이 되었고, 개발로 인한 서식지 파괴가 더해지면서 야생에서 급속히 사라지고 있다. 2020년 기준, 민다나오섬에서 관찰된 개체 수는 242개체에 불과하며, 필리핀 내에서는 이미 심각한 멸종 위기에 처한 상태이다.[119] 이에 따라, 그란데는 필리핀 정부가 2017년 지정한 '필리핀 멸종위기 식물 목록'에서 '심각한 멸종위기종CR'으로 분류되어 보호되고 있다.[120]

그란데는 뿌리자구를 형성하지 않고 측아를 내는 경우도 드물며, 주로 포자에 의존하여 번식하는 특성을 지닌다. 이로 인해 군생을 이루는 일부 박쥐란 종들과 달리 단독으로 생장하는 경향을 보이지만, 포자 번식이 활발한 환경에서는 주변에 다수의 개체가 함께 자라 군생처럼 분포하기도 한다. 다만 이러한 경우는 특정한 환경 조건이 충족되었을 때에만 드물게 관찰되는 예외적 사례에 해당한다. 그란데의 이와 같은 제한적인 번식 특성은 개체군의 자연 확산과 회복을 더욱 어렵게 만들며, 멸종 위기를 가속화하는 주요 요인으로 작용하고 있다.

형태와 구조

그란데는 비푸카텀과 유사한 굵기와 크기를 지닌, 평균 9개 정도의 털로 이루어진 성상모를 가지고 있다. 서식 환경이 비슷한 코로나리움에 비해 성상모의 밀도는 높은 편이며, 이로 인해 잎 표면은 육안으로도 성상모가 관찰될 만큼 살짝 매트한 질감을 띤다.

그란데의 영양엽은 생장점을 기준으로 하단부는 착생 대상을 감싸고, 상단부는 사방으로 퍼지며 직립한다. 영양엽 하단에서 상단 2/3 지점에 이르면 여러 갈래로 갈라지며, 각 방향으로 두 갈래씩 갈라지는 이분법 구조의 분기가 2~4회 정도 이어진다. 생장점으로부터 각 분기로 이어지는 굵은 잎맥은 중심축을 따라 뻗어 나오는 심지처럼 단단하게 솟아 있으며, 이러한 심지는 첫 번째 분기 이후 점차 연해져 상단부에 이르면 사라지고 잎맥만 남는다.

영양엽은 전반적으로 굵고 힘차며, 빛을 많이 받을수록 분기가 잘 발달하고 길이는 짧아지며, 잎의 색은 연해지는 경향을 보인다. 중앙을 따라 뻗는 굵은 잎맥이 더욱 단단해지고 굴곡도 깊어져, 영양엽의 수직성과 입체감이 강조된다.

그란데의 생식엽은 처음 넓은 면적으로 두 갈래로 갈라지며, 각 방향으로 두 갈래씩 한 번 더 갈라진다. 이 두 번째 분기 사이에는 각 분기당 하나씩, 즉 두 개의 넓은 공간이 형성되며, 이 공간을 중심으로 각 방향으로 다섯 갈래 안팎으로 다시 갈라진다. 이후의 분기는 각 방향으로 두 갈래씩 갈라지는 이분법 구조가 1~3회 정도 더 이어지며, 전체적으로 복잡하고 웅장한 분기 구조를 형성한다.

포자와 번식

그란데는 성체로 접어드는 약 2년 전후부터 생식엽을 전개하기 시작하며, 그 이전까지는 슈퍼붐, 홀투미아이, 완대 등의 어린 개체와 형태적으로 매우 유사하여 이들을 혼동하기 쉽다. 특히 생식엽이 전개된 이후에도 슈퍼붐과의 혼동이 잦은데, 이는 두 종의 생식엽이 외형적으로 비슷한 구조를 가지기 때문이다.

그란데는 생식엽당 2개의 포자낭군을 형성하는 반면, 슈퍼붐은 생식엽당 1개의 포자낭군만을 형성한다. 이 점은 두 종을 구분하는 중요한 기준이지만, 미성숙한 그란데 개체에서는 간혹 포자낭군이 1개만 형성되는 경우도 있어, 포자낭군의 개수만으로 종을 식별할 때에는 신중한 관찰이 필요하다.

그란데의 포자낭군은 생식엽의 두 번째 분기 사이 넓은 공간에 형성되며, 반원형의 형태로 생식엽 좌우에 각각 2개씩, 총 4개가 만들어진다. 이 포자낭군은 생식엽 상단의 대부분을 차지할 만큼 거대하며, 그 형태와 위치는 생식엽의 분기 구조와 조화를 이루며 강한 시각적 인상을 남긴다.

Platycerium hillii

힐리아이

학명 *Platycerium hillii* T.Moore
출처 Gard. Chron. n.s., 10: 51, f. 6 (1878)
명명자 토마스 무어(Thomas Moore, 1821~1887)
UPOV 미등록
IPNI 분류 *Platycerium bifurcatum* var. *hillii* (T.Moore) Domin

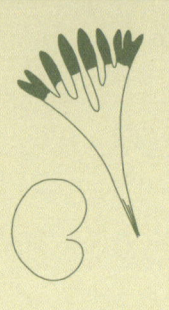

생식엽은 잎 끝으로 갈수록 부채꼴로 넓게 퍼지며,
비푸카텀과 유사한 단축분기 패턴을 따른다.

분류의 역사

힐리아이는 1873년 퀸즐랜드 식민지지금의 호주 퀸즐랜드 주의 식물학자 월터 힐 Walter Hill에 의해 처음 발견되었다. 영국 출신의 월터 힐은 1852년 호주로 이주하여 브리즈번 식물원Brisbane Botanic Gardens의 초대 원장을 역임한 인물로, 빅토리아 여왕 통치기에 식민지 식물 자원을 체계적으로 수집·정리하려는 움직임 속에서 정부의 지원을 받아 여러 차례 탐사에 참여하였다. 그는 1873년 퀸즐랜드 북동부 해안 탐험대의 일원으로 선발되어 노스피크North Peak 북쪽 능선을 조사하던 중, 현재 힐리아이로 알려진 박쥐란을 채집하였다.[121]

당시 월터 힐은 채집한 표본을 탐사 보고서에 '박쥐란 알시콘 변이종 마구스 *Platycerium alcicorne* var. magus'로 기재하였다. 여기서 '마구스magus, 특별한 존재'는 국제 분류 규약에 따른 정식 변종명이 아니라, 라틴어 어휘를 차용해 해당 개체의 '특별함'을 강조하기 위해 붙인 임시적 표기였던 것으로 보인다. 흥미로운 점은, 이 명칭이 후대 일부 문헌에서는 '유니크unique, 특별한'로 기록되었다는 사실이다.[122] 이는 전사 과정에서 발생한 표기 혼동으로 볼 수도 있지만, 결국 두 표기는 모두 해당 표본이 지닌 독특함을 강조하려는 동일한 맥락에서 이해할 수 있다. 따라서 월터 힐이 의도한 '마구스'는 영어식 표현인 '유니크'로 번역·대체한 것으로 해석할 수 있으며, 그가 최초로 기재한 '박쥐란 알시콘 변이종 마구스'는 곧

어원	인명 Hill (힐)
탈락·변형	Hill → hill-
어미	'-ii' (남성 소유격 단수 어미)
결합	hill- + -ii → hillii
의미	'힐을 기리는' '힐에게 바치는'

종소명의 기원

'특별한 알시콘의 변이종'으로 이해하는 것이 타당하다.

이후 월터 힐은 이 표본을 영국으로 보내, 열대 식물 수집 및 재배로 유명한 런던 첼시의 제임스 베이치 앤드 선즈 종묘장 Messrs. James Veitch & Sons Nurseries 에 전달하였다.[123] 이 종묘장은 19세기 영국에서 가장 활발히 식물 도입 사업을 전개한 원예 업체로, 특히 호주와 아시아 지역의 식물 수집에 적극적이었다. 월터 힐의 표본은 이곳에서 재배되었으며, 곧 양치식물 전문가이자 영국의 식물학자 토마스 무어 Thomas Moore 에게 전달되었다. 토마스 무어는 표본을 검토한 뒤 이를 박쥐란속의 신종으로 판별하고, 발견자 월터 힐을 기려 '힐리아이 hillii'로 명명하였다.[124] 1878년, 그는 당시 자신이 편집자로 재직하던 원예 잡지 《가드너스 크로니클 The Gardeners' Chronicle》에 삽화와 함께 이 종의 외형적 특징을 게재하며, 박쥐란속 힐리아이 Platycerium hillii[125]로 정식 발표하였다.[126]

같은 해 11월, 제임스 베이치 앤드 선즈 종묘장은 힐리아이를 영국 왕립원예학회 Royal Horticultural Society, RHS 전시회에 출품하여 1급 식물학 증명서 Botanical Certificate를 수여받게 되었고,[127] 이를 계기로 힐리아이는 유럽 전역으로 빠르게 확산되었다. 이러한 민간 종묘장 주도의 신종 도입 흐름은 채집자와 학계의 권위를 전략적으로 활용하여 신종 식물에 학명이라는 정당성을 부여함으로써, 새로운 식물에 대한 갈망이 극대화되었던 빅토리아 시대 양치식물 열풍에 부응했을 뿐 아니라, 신종을 선점하고 유통함으로써 상업적 이익을 창출하는 중요한 수단으로 작용하였다.

한편 토마스 무어의 힐리아이 분류는 당시 호주 식민지 식물학자들 사이에서 완전히 수용되지는 않았다. 월터 힐과 함께 식물 표본을 공유하며 호주 자생 식물의 분류에 협력했던 퀸즐랜드 식민지의 식물학자 프레더릭 베일리 Frederick M. Bailey[128]는 1880년, 독일 헤센 대공국 출신 빅토리아 식민지의 정부 식물학자 페르디난트 뮐러Ferdinand v. Mueller에게 보낸 서신에서, 토마스 무어가 분류한 힐디아이는 알시콘과 뚜렷이 구별되기 어렵다는 견해를 밝히며, 토마스 무어의 분류적 판단에 대해 회의적인 입장을 전달하였다.[129] 페르디난트 뮐러는 빅토리아 왕립 식물원Royal Botanic Gardens Victoria의 원장을 역임하며 호주 식물 분류체계의 정립에 핵심적인 기여를 하였으며, 월터 힐, 프레더릭 베일리 등과 함께 자생 식물의 분류학적 연구를 주도한 인물로서, 당시 호주 식물학계의 중심적인 위치에 있었다. 그들의 이러한 논의는 유럽 본국 식물학자들과 식민지 현지 식물학자들 사이에 신종 분류를 둘러싼 인식 차이가 존재했음을 보여준다. 이는 곧, 19세기 식민지 시대 식물학자들이 신종 식물 보고에 품었던 열망과 이를 바라보는 학계의 시선이 반드시 일치하지 않았음을 시사한다.

한편, 힐리아이를 둘러싼 분류학적 논의는 이후에도 여러 차례 수정과 재해석을 거치게 된다. 1915년, 체코슬로바키아의 식물학자 카렐 도민Karel Domin은 힐리아이를 비푸카텀의 변이종으로 간주하고, 박쥐란속 비푸카텀 변이종 힐리아이Platycerium bifurcatum var. hillii[130]라는 학명으로 재분류하였다.[131] 그는 힐리아이의 발견 경위를 간단히 언급하며 이를 "비푸카텀의 흥미로운 품종"이라고 기술하였으나, 이러한 견해는 이후 학계에서 크게 받아들여지지 않았고, 해당 분류명은 결국 박쥐란속 힐리아이의 동의어로 간주되었다.

이후 1982년 엘버트 헤니프만과 네덜란드의 식물학자 마르코 루스Marco C. Roos는 공동으로 집필한 《고란초과 박쥐란속에 관한 연구A Monograph of the Fern Genus Platycerium (Polypodiaceae)》에서 힐리아이를 비푸카텀, 베이치아이, 윌링키아이와 함께 '비푸카텀 복합체'로 분류하였다. 이들은 박쥐란속의 형태학적 변이와 지리적 분포를 바탕으로 15종 체계를 제안하며 힐리아이를 원종에서 제외시켰다. 이러한 형태학 중심의 분류 체계는 이후 여러 학자들 사이에서 다양한 논쟁을 야기하였다. 그러나 최근에는 분자계통학적 접근에 기반한 연구가 활발히 이루어지면서, 엘버트 헤니프만과 마르코 루스가 제시한 분류 가설이 점차 긍정적으로 받아들여지고 있는 추세다. 이에 더해, 카렐 도민이 제안한 비푸카텀 변이종으로서의 힐리아이 분류가 오히려 정명의 조건에 더 부합한다는 시각도 확산되고 있다.

생태와 서식환경

힐리아이는 주로 퀸즐랜드 북동부 해안가 일대의 습한 저지대에 서식하는 호주 자생종이다. 뉴기니에서도 자생하는 것으로 알려져 있지만, 이 개체군은 호주에서 이주한 것으로 판단되고 있다.[132] 퀸즐랜드 북동부 해안가는 연중 높은 습도와 온난한 기후가 지속되는 지역으로, 힐리아이는 이와 같은 국지적 열대 우림 환경에 적응한 종이다. 주요 착생 대상은 나무이지만, 환경에 따라 바위에 착생하는 모습도 관찰되며, 이러한 생태적 유연성은 제한된 서식지 내에서 생존하기 위해 다양한 조건에 적응해 온 하나의 전략으로 이해할 수 있다. 이처럼 특정 기후와 환경에 적응해 온 생리적 특성 때문에, 기후 조건이 상이한 지역에서는 분포가 제한되는 경향을 보인다. 퀸즐랜드 중부의 건조 지대는 북쪽의 습윤림과 남쪽의 아열대림 사이를 생태적으로 단절시키는 경계 역할을 하며, 이로 인해 포자가 남쪽으로 확산되더라도 생존이 어려워 힐리아이의 분포는 퀸즐랜드 북동부로 제한된 것으로 추정된다.[133]

힐리아이는 재배 시 강한 빛만 피하고 일정 수준의 습도만 유지된다면 비교적 안정적으로 잘 자라는 편이다. 다만 비푸카텀에 비해 건조하거나 환경 조건의 변화에 민감한 특성이 있어, 물 주기와 통풍 관리에 약간의 주의만 기울이면 비푸카팀과 유사한 수준으로 재배할 수 있다.

힐리아이는 다수의 뿌리자구를 빠르게 형성하여 군생을 확장하는 다자구 군생형 종으로, 거대한 구형 군생을 이룬다. 착생 대상 전반에 걸쳐 퍼지는 이 군생은 하나의 나무에 국한되지 않고, 인접한 수목으로까지 확장되며 주변 환경에 연속적으로 정착하는 양상을 보인다.

힐리아이는 자구 형성과 포자 번식이 모두 활발한 종으로, 20세기 초중반 미국 캘리포니아를 중심으로 다양한 힐리아이 교배종이 등장하였다.[134] 이들 중 일부는 명확한 기록 없이 유통되었기 때문에, 현재까지 전해지는 고전 품종들의 기원을 확인하기 어려운 경우가 많다. 최근에도 다양한 방식으로 육종된 품종들이 지속적으로 개발되고 있으며, 힐리아이는 여전히 활발한 품종 개발의 중심에 있는 종이다.

형태와 구조

힐리아이는 평균 10개 정도의 털로 이루어진 성상모를 가지고 있으며, 털의 길이와 굵기는 비푸카팀과 유사하다. 그러나 성상모의 밀도는 상대적으로 낮고, 성상모를 이루는 털이 잎 표면에 납작하게 붙는 형태로 배열되어 있어 전반적으로 평탄하고 응집되지 않은 질감을 보인다. 이러한 성상모는 밀도가 높고 서로 뭉쳐 입체적인 질감을 형성하는 비푸카팀과 뚜렷한 대비를 이룬다.

힐리아이의 영양엽은 알시콘 마다가스카르의 영양엽처럼 위로 살짝 올라간 타원형을 띠며, 착생 대상을 덮어 뿌리의 노출을 차단한다. 습한 지역에 자생하는 다른 박쥐란들과 마찬가지로, 힐리아이 역시 영양엽이 착생 대상을 감싸며 뿌리를 과습으로부터 보호하는 둥근 형태를 이룬다. 전체적인 형태가 비푸카텀과 유사하여 어린 개체일 때는 두 종을 구별하기 어렵지만, 영양엽이 위로 향하며 타원형을 이루는 점은 생식엽이 전개되기 전 비푸카텀과의 주요한 구별점이 될 수 있다.

힐리아이의 생식엽은 잎 끝으로 갈수록 부채처럼 넓게 퍼지는 형태다. 생식엽 3/4지점에서 두 갈래로 갈라진 후 각 방향으로 한 두 갈래로 갈라진 분기가 1~3회 정도 더 이어진다. 힐리아이의 생식엽 분기는 짧고 넓어 단순히 여러 갈래로 갈라져 1~2회의 분기로 마무리되는 것처럼 보일 수 있다. 하지만 빛을 잘 받고 자란 성체의 생식엽 분기를 자세히 살펴보면 비푸카텀처럼 곁가지를 치는 듯한 분기 패턴을 확인할 수 있다. 다만 분기가 깊지 않고 폭이 넓어 분기의 순서를 구별하기 힘들 뿐이다.

포자와 번식

힐리아이의 포자낭군은 생식엽 끝에 형성되며, 성숙한 개체에서는 생식엽 뒷면의 첫 번째 분기 부근부터 잎 끝까지 연속적으로 분포한다.

힐리아이가 자생하는 퀸즐랜드 북동부의 습윤림 환경은 포자의 발아에 유리한 조건을 갖추고 있어, 자연 상태에서도 포자 발아율이 높은 편이다. 이로 인해 동일한 수목 또는 그 주변에서 발생한 다수의 군생이 밀집하여 자라는 경우가 자주 관찰되며, 일정 지역 내에 수십 개의 군생이 모여 형성된 군락지가 확인되기도 한다.

Platycerium holttumii 홀투미아이

학명 Platycerium holttumii de Jonch. & Hennipman
출처 Brit. Fern Gaz. 10: 116, f.1-3, t.12 (1970)
명명자 헤라르두스 용체레(Gerardus J. Joncheere, 1909~1989)
  엘버트 헤니프만(Elbert Hennipman, 1937~2014)
UPOV 미등록
IPNI 분류 Platycerium holttumii de Jonch. & Hennipman

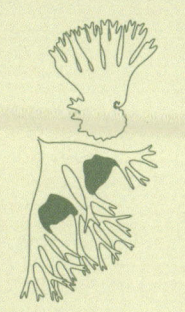
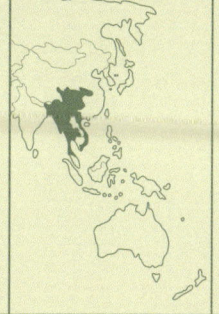

상단 생식엽

생식엽은
상·하단 두 축으로 나뉘며
전체적으로 2층 구조를 형성한다.

하단 생식엽

분류의 역사

홀투미아이는 슈퍼붐과 함께 1970년 이전까지는 별도로 분류된 적이 없는, 박쥐란속에서 가장 최근에 분류된 신종이다. 홀투미아이와 왈리치아이는 서식지가 겹치고 외형 또한 유사하여, 학계에서는 동일한 지역에서 비슷한 생김새로 자라는 두 종을 오랜 시간 동안 왈리치아이 하나의 종으로 간주해왔다.

그러나 1970년, 헤라르두스 용체레와 엘버트 헤니프만은 논문 《박쥐란속의 두 새로운 종과 박쥐란속 그란데의 동정》에서, 당시 태국에서 왈리치아이로 수집되었던 초대형 박쥐란이 기존 분류로는 설명되지 않는 독립된 형태임을 확인하고 이를 신종으로 분류하였다. 이들은 이 종을 명명함에 있어, 20세기 중반 동남아시아 양치식물 분류학의 기반을 다진 영국의 식물학자 리처드 홀텀Richard E. Holttum 박사의 업적을 기리며 그의 이름을 따 '홀투미아이holttumii'로 명명하고, 박쥐란속 홀두미아이Platycerium holttumii[135]로 발표하였다.[136]

리처드 홀텀 박사는 1925년부터 1949년까지 싱가포르 식물원Singapore Botanic Gardens 원장으로 재직하며 동남아시아 열대 양치식물의 분류 체계를 확립한 인물로, 그의 저작은 이후 세대 식물학자들에게 표준 문헌으로 자리 잡았다. 헤라르두스 용체레와 엘버트 헤니프만 역시 그의 분류 체계를 토대로 연구를 수행하며, 많은 영향을 받은 후대 학자들이었다.

어원	인명 Holttum (홀텀)
탈락·변형	Holttum → holttum-
어미	'-ii' (남성 소유격 단수 어미)
결합	holttum + -ii → holttumii
의미	'홀텀을 기리는' '홀텀에게 바치는'

종소명의 기원

홀투미아이의 정기준표본은 1965년, 엘버트 헤니프만과 네덜란드의 식물학자 안드리에스 토우Andries Touw가 태국 중부 카오야이 국립공원Khao Yai National Park에서 수집한 박쥐란 표본 '헤니프만 3968Hennipman 3968'로 지정되었다. 엘버트 헤니프만은 당시 네덜란드 라이덴 대학Leiden University 소속의 양치식물 분류학 박사 과정생이었으며, 안드리에스 토우는 이끼류 연구를 중심으로 동남아 현지 식물 탐사에 반복적으로 참여해온 선태식물[28] 전문가였다. 1960년 전후, 태국은 제2차 세계대전의 여파와 도시 개발로 인해 생물 다양성이 빠르게 훼손되고 있었으며, 이에 위기감을 느낀 네덜란드 정부는 동남아시아 지역의 식물 표본 확보를 목적으로 식물학자들을 태국으로 파견하였다. 엘버트 헤니프만과 안드리에스 토우 역시 이러한 배경 속에서 1965년 11월부터 1966년 2월까지 약 3개월 동안 태국 전역을 탐사하며 1,000점 이상의 양치류 표본을 수집하였다.[137] 이 가운데 하나가 바로 홀투미아이의 정기준표본으로 사용된 '헤니프만 3968'이다.

한편 이 종이 독립된 신종으로 기술되기까지는 제2차 세계대전이라는 시대적 단절이 중요한 배경으로 작용하였다. 전쟁은 단지 인명의 피해에 그치지 않고 식물 탐사, 표본 수집, 연구 활동 전반에 막대한 지장을 초래하였다. 리처드 홀텀은 1942년 싱가포르가 일본군에 점령된 이후 약 3년간 식물원에 연금된 상태에서 연구를 지속해야 했고,[138] 헤라르두스 용체레는 네덜란드령 동인도에서 가족과 함께 정착해 있던 중 일본군의 점령으로 민간인 수용소에 수감되며 수년간 수집한 표본 대부분을 상실했다.[139] 그럼에도 불구하고 전후 두 사람은 다시 식물학 현장으로 복귀하였다. 리처드 홀텀은 전쟁 중 작성한 원고를 바탕으로 《개정 말라야 식물지A Revised Flora of Malaya》등을 출간하였고, 헤라르두스 용체레는 은퇴 후 전업 식물학자의 길을 걷게 되며 당시 라이덴 국립표본관Rijksherbarium에서 양치식물 분류에 전념하였다. 이들의 분류 체계 회복 노력은 1970년 홀투미아이의 신종 발표로 이어졌으며, 전쟁으로 단절되었던 동남아시아 양치식물 분류체계의 연속성을 회복한 상징적 결과로 평가된다.

홀투미아이와 왈리치아이는 형태적으로 유사하고 서식지 또한 겹치기 때문에, 헤라르두스 용체레와 엘버트 헤니프만이 홀투미아이를 신종으로 발표한 이후에도 학계에서는 두 종이 자매 분류군 sister taxon [29] 관계에 있을 가능성이 꾸준히 제기되어왔다. 그러나 이후의 형태학적 검토와 분자계통학적 분석 결과에 따르면, 이들은 유전적으로 가까운 관계가 아닌, 서로 독립적인 계통일 가능성이 높은 것으로 나타났다.

2006년, 독일의 식물학자 하랄드 슈나이더와 한스 크라이어는 박쥐란속 원종들을 대상으로 엽록체 DNA 염기서열 분석을 수행하였으며, 그 결과 홀투미아이와 왈리치아이 사이에는 유전적 유사성이 낮은 것으로 분석되었고, 오히려 자생지와 생태적 특성이 전혀 다른 그란데와 더 가까운 관계에 있을 가능성이 제시되었다.[140]

하랄드 슈나이더는 양치식물 분자계통학의 선구자로, 다양한 양치식물속을 대상으로 엽록체 DNA 기반의 계통 분석을 수행해온 인물이다. 이 연구는 형태학적 분류 기준에 분자적 근거를 보완함으로써 박쥐란속 내 계통 관계를 보다 정밀하게 재구성하는 데 기여하였다.

이처럼 홀투미아이는 형태학적 관찰과 분자계통학적 분석을 종합하여 독립 종으로 정립된, 박쥐란 분류 연구의 중요한 성과로 평가된다. 박쥐란속에서 가장 최근에 기술된 종으로서 분류학적·역사적 의의 또한 크다. 특히 표본 채집자와 기술자가 동일 인물이라는 점, 그리고 전쟁이라는 시대적 단절을 극복한 연구자들의 학문적 노력에 의해 이 종의 정체성이 확립되었다는 사실은 그 의미를 더욱 깊게 한다. 아울러 홀투미아이의 분류는 오랜 기간 혼동되어온 왈리치아이 개체군 내 변이를 정리하고, 동남아시아 박쥐란 분류 체계의 정밀성을 높이는 계기가 되었다.

생태와 서식환경

홀투미아이는 라오스, 말레이시아, 베트남, 중국 남부, 캄보디아, 태국 등 동남아시아 여러 지역에 걸쳐 자생하며, 특히 태국 남서부의 칸차나부리Kanchanaburi 에라완 국립공원Erawan National Park과 라오스 루앙프라방Luang Prabang 등이 대표적인 자생지로 알려져 있다. 이 박쥐란은 강이나 호수 주변의 열대 몬순 기후림에 주로 서식하며, 습도와 수분이 풍부한 환경에 잘 적응해 살아간다. 그러나 최근 도시화와 농경지 개발로 인해 서식지가 급격히 감소되고 있으며, 국립공원과 같이 서식환경이 보호되는 지역을 제외하면 야생에서 홀투미아이를 관찰하기는 점점 더 어려워지고 있다.

홀투미아이는 나무에 착생하여 자라는 전형적인 착생식물이지만, 반대로 다른 식물의 착생 대상이 되기도 한다. 이러한 생태적 특성은 '리본펀 고사리'로 불리는 오피오글로섬속 펜둘룸Ophioglossum pendulum[141]과의 관계에서 확인된다. 리본펀 고사리는 일반적으로 다른 식물의 표면에 포자가 떨어져 발아한 뒤 자라나는 생태적 습성을 지닌 양치식물로, 포자낭은 매우 작고, 이로부터 방출된 포자는 크기가 훨씬 더 작아 공기 중에 쉽게 부유하며 바람을 따라 널리 확산된다. 특히 홀투미아이처럼 크고 넓은 영양엽을 가진 종은 이러한 포자의 착지 기반이 되기 쉬우며, 홀투미아이의 자생지가 리본펀 고사리의 분포 범위 안에 모두 포함

Platycerium holttumii's
sterile fronds 홀투미아이의 영양엽

홀투미아이와 완대를 가장 쉽게 구별할 수 있는 기준은 생장점 주변에 형성되는 분기다발이다. 완대는 생장점 주위의 영양엽이 짧고 촘촘하게 여러 차례 갈라지면서 수많은 미세 분기들이 밀집된 구조를 이루며, 홀투미아이의 영양엽에는 이러한 미세 분기 구조가 전혀 나타나지 않는다.

생장점 주위에 미세한 분기 구조가 나타나지 않는 영양엽

생장점 주위에 무수한 분기 다발이 있는
완대의 영양엽 _196p

된다는 점에서, 두 종이 접촉할 가능성 또한 높다. 실제로 야생에서는 리본펀 고사리가 홀투미아이의 영양엽에 착생한 모습이 자주 관찰된다.[142] 리본펀 고사리의 포자가 홀투미아이의 영양엽 속에 떨어지면, 그 속에서 발아하여 내부 조직에 착생한 뒤, 영양엽을 뚫고 나와 리본처럼 아래로 길게 늘어지며 성장한다. 이 모습은 마치 홀투미아이에 새로운 잎이 자라는 듯 보이기도 한다. 리본펀 고사리는 잎을 전개하는 과정에서 착생 대상의 영양엽에 구조적 손상을 초래하며, 뿌리를 내부로 깊숙이 침투시켜 생장을 방해하고 양분 흡수를 저해하는 등의 생리적 피해를 유발한다. 이는 여타 기생식물이 숙주에 직접 뿌리를 박아 숙주 체내의 양분을 흡수하는 방식과는 다르지만, 생장을 억제하고 조직에 물리적 손상을 입히는 방식으로 착생 대상에게 일방적인 해를 가한다는 점에서, 두 식물 사이의 관계는 생태학적으로 '기생'[30]에 해당한다고 볼 수 있다.

반면, 박쥐란이 나무에 착생하여 살아가는 관계는 이와는 성격이 다르다. 일부 대형 박쥐란의 경우 지나치게 성장하여 무게를 견디지 못한 나무껍질이 벗겨지는 현상이 관찰되기도 하지만, 일반적으로 박쥐란은 착생 대상의 생리적 기능이나 조직에 해를 거의 주지 않는다. 이러한 관계는 박쥐란이 일방적으로 이득을 얻되, 착생 대상에는 뚜렷한 피해가 발생하지 않기 때문에 '편리공생'[31]의 예로 분류된다. 즉, 리본펀 고사리와 박쥐란의 관계가 기생에 해당한다면, 박쥐란과 나무 사이의 관계는 직접적인 피해 없이 공존하는 공생의 한 형태로 대조된다.

홀투미아이는 그란데와 슈퍼붐같이 초대형 박쥐란으로 분류되며, 이들 종과 마찬가지로, 뿌리자구를 형성하지 않고 단독으로 생장하는 것이 일반적이다. 다만 간혹 생장점 하단에서 발생한 측아가 독립적인 개체로 자라며, 두세 개체가 모여 소규모 군생을 이루는 경우도 관찰된다.[143]

형태와 구조

홀투미아이와 왈리치아이는 자생지가 일부 겹친다는 점 외에는 외형상 혼동될 이유가 거의 없다. 특히 성체의 크기와 생식엽의 분기 구조만 비교하더라도 두 종은 명확히 구별된다. 홀투미아이는 그란데, 슈퍼붐, 완대 등과 함께 초대형 박쥐란에 속하는 반면, 왈리치아이는 중대형 종으로 상대적으로 소형이다.

홀투미아이의 생식엽은 넓은 면적에서 두 갈래로 처음 갈라진 뒤, 위·아래 두 방향으로 분기한다. 위쪽 방향은 분기 횟수가 적고 길이가 짧으며 위로 솟는 형태를 이루고, 아래쪽 방향은 여러 차례의 분기를 거쳐 길게 늘어진다. 이처럼 생식엽이 위·아래 두 축으로 나뉘며 전체적으로 2층 구조를 형성한다.

반면 왈리치아이의 생식엽은 최초에 세 갈래로 갈라지며, 상·중·하의 3층 구조를 이룬다. 각 방향은 짧은 길이에서 분기가 마무리되어 전체적으로 짧고 간결한 인상을 준다. 이처럼 생식엽의 최초 분기 수와 구조만으로도 두 종은 명확히 구분된다.

국내에서는 홀투미아이가 유통되기 시작한 초기, 주로 '완대'라는 이름으로 잘못 소개되었다. 이는 수입 및 유통 과정에서 종명이 혼동된 데 따른 결과이기도 하지만, 무엇보다 홀투미아이란 이름이 비교적 최근에 정착된 점이 이러한 오인의 배경으로 작용하였다. 그러나 근본적으로는 홀투미아이와 완대가 지닌 외형적 유사성 때문에, 재배 농가에서 두 종을 혼동하여 유통했을 가능성이 더 크다.

두 종 모두 초대형 박쥐란에 속하며 전체적인 외형도 유사해, 멀리서 관찰할 경우 명확히 구별하기 어렵다. 이때 가장 쉽게 판별할 수 있는 기준은 완대의 생장점 주변에 형성되는 미세한 분기다발이다. 완대는 생장점 주위의 영양엽이 짧고 촘촘하게 여러 차례 갈라지면서 수많은 미세 분기들이 밀집된 구조를 이루는 데, 이는 굵은 털뭉치나 분기다발을 연상시키는 독특한 형태적 특징이다. 반면 홀투미아이의 영양엽에는 이러한 미세 분기 구조가 전혀 나타나지 않으며, 이 구조의 유무가 두 종을 구분하는 데 있어 가장 확실한 기준으로 작용한다.

홀투미아이는 평균 11개 정도의 굵고 긴 털로 이루어진 성상모를 가지며, 그 밀도와 길이에서 그란데와 유사한 특징을 보인다.

홀투미아이의 영양엽은 생장점을 중심으로, 하단부는 착생 대상을 감싸고 상단부는 위로 솟아 사방으로 퍼지듯 뻗는다. 영양엽은 전체 길이의 상단 3/5 지점에서 여러 갈래로 갈라지며, 각 방향으로 두 갈래씩 갈라지는 이분법 구조의 분기가 3~4회 정도 더 이어진다. 홀투미아이의 영양엽 하단부는 좌우로 짧고 불규칙한 분기를 형성하여, 비교적 둥근 형태로 마무리되는 그란데의 영양엽 하단부와 차이를 보인다.

영양엽 분기의 깊이와 하단부의 형태적 차이는 홀투미아이와 그란데를 구별할 수 있는 기준점으로 작용할 수 있으나, 이러한 특징은 빛과 수분이 충분히 공급된 최적의 환경에서 자란 성체에서만 뚜렷하게 나타난다. 따라서 이들 특징을 완벽히 숙지하고 있다 하더라도, 생식엽이 없는 미성숙한 두 종의 개체를 구별할 때는 각별한 주의가 필요하다.

홀투미아이의 생식엽은 처음 넓은 면적으로 두 갈래로 갈라지며, 생장점을 기준으로 상단 분기와 하단 분기로 나뉘어 상·하단이 뚜렷이 구분되는 2층 구조를 이룬다. 상단 분기는 분기 횟수가 적고 길이가 짧으며 위로 솟는 형태를 이루고, 하단 분기는 분기 횟수가 많고 길게 아래로 늘어진다. 상단 분기는 가운데 넓은 공간을 두고 두 갈래로 갈라지며, 방향으로 두 갈래씩 갈라지는 이분법 구조의 분기가 2~3회 정도 더 이어진다. 하단 분기 역시 가운데 넓은 공간을 두고 두 갈래로 갈라지며, 각 방향으로 두 갈래씩 갈라지는 이분법 구조의 분기가

2~5회 정도 더 이어진다.

  빛, 수분, 영양분이 충분한 환경에서 자란 홀투미아이의 생식엽은 아래로 처지더라도 일정한 장력을 유지하며, 사선 형태로 단단하게 뻗는다. 이러한 개체의 생식엽은 정면에서 보았을 때 마치 번개가 치는 듯한 분기 형태를 나타낸다.

  반대로, 빛이 부족하거나 생육 환경이 불량할 경우 홀투미아이의 생식엽은 분기 간격이 좁아지거나 불규칙해지고, 전체적인 분기 구조가 불안정해진다. 이로 인해 생식엽의 2층 분기 구조는 모호해지며, 넓고 불규칙한 형태의 분기들은 전체적으로 아래로 늘어진 형태를 띠게 된다.

포자와 번식

  홀투미아이는 생식엽당 두 개의 포자낭군을 형성한다. 이 포자낭군들은 2층 구조로 이루어진 생식엽의 첫 분기 사이에 위치한 넓은 공간에 형성되며, 일반적으로 상단 분기에 형성되는 포자낭군보다 하단 분기에 형성되는 포자낭군의 크기가 더 크고 넓게 발달하는 경향을 보인다. 이러한 2층 구조는 포자 생산의 공간적 효율을 높이는 동시에, 다양한 환경 조건에 따른 포자 확산 범위를 확보하는 데 기여하는 것으로 추정된다.

  그러나 상·하단 포자낭군 간의 구조적 차이가 실제로 포자의 생식력이나 발아율, 생존력에 어떤 영향을 미치는지에 대해서는 아직 구체적인 연구가 보고된 바 없다. 향후 포자낭군의 발생 위치와 생식력 간의 상관관계를 규명하는 연구가 이루어진다면, 홀투미아이의 생식 전략을 보다 체계적으로 이해할 수 있는 기반이 마련될 것이다.

Platycerium madagascariense 마다가스카리엔스

학명 *Platycerium madagascariense* Baker
출처 J. Linn. Soc., Bot. 15: 421 (1876)
명명자 존 베이커(John G. Baker, 1834~1920)
UPOV 미등록 | IPNI 분류 *Platycerium madagascariense* Baker

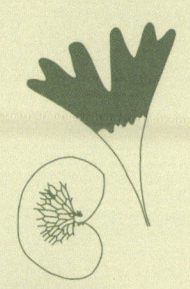
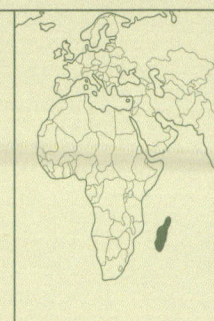

다수의 자구를 빠르게 형성하여 군생을 확장하는 다자구 군생형 박쥐란

와플 형태의 잎맥

분류의 역사

마다가스카리엔스는 영국의 선교사이자 건축가인 윌리엄 풀William Pool이 처음으로 수집한 것으로 알려져 있다.[144] 마다가스카르의 수도 안타나나리보에는 역사적인 왕궁 '로바Rova'가 위치해 있으며, 윌리엄 풀은 런던 선교회 소속으로 이곳에 두 차례 파견되었다. 그는 1차 체류 기간인 1865년부터 1875년까지 선임 선교사 제임스 시브리James Sibree를 도와 로바 내 왕실예배당 '피앙고나나Fiangonana'의 초기 건축1869~1872에 참여하였고, 2차 체류 기간인 1876년부터 1880년까지는 건축 마무리 및 선교 활동을 이어갔다.[145]

윌리엄 풀은 1차 체류 기간 동안 총 114종의 양치식물을 수집하였고, 이 중 28종의 신종을 포함하고 있었다.[146] 이때 수집된 신종 중 하나가 바로 박쥐란 마다가스카리엔스이다.[147]

그러나 윌리엄 풀이 수집한 것으로 알려긴 다수의 식물은 사실 그의 아내 메리 풀Mary Pool이 마다가스카르에 머무는 동안 채집한 것이었다. 메리 풀은 1875년에 사망하였고, 윌리엄 풀은 그녀를 추모하며 그녀가 생전에 채집하고 정리해 둔 《양치식물 표본첩A large Book of Ferns mounted》을 1876년 큐 왕립식물원에 기증하였다.[148]

그는 이 과정에서 당시 큐 왕립식물원의 원장이었던 조셉 후커에게 서신을 보

어원	지명 Madagascar (마다가스카르)
탈락·변형	Madagascar → madagascar + '-i-'연결모음 → madagascari-
연설보눔	'-i-' (합성 시 삽입되는 모음, 의미 변화 없음)
어미	'-ense' (형용사 어미, 중성 주격 단수, 3변화, '~ 출신의/지역의')
결합	madagascari- + -ense → madagascariense
의미	'마다가스카르의'

종소명의 기원

내 메리 풀의 수집 활동과 표본첩의 기증 의사를 전달하였고, 표본첩은 큐 왕립식물원의 양치식물 분류를 전담하던 존 베이커에게 전달되었다. 같은 해, 존 베이커는 런던 린네학회Linnean Society of London 학술지에 《윌리엄 풀의 마다가스카르 내륙 양치식물 수집 표본On a Collection of Ferns made by Mr. William Pool in the interior of Madagascar》이라는 논문을 발표하였다. 그는 이 논문에서 메리 풀이 수집한 양치식물 표본을 윌리엄 풀의 이름으로 정리·소개하였으며, 그중 하나였던 박쥐란속의 새로운 종에 발견지명을 반영하여 '마다가스카리엔스madagascariense'라 명명하고, 이를 박쥐란속 마다가스카리엔스*Platycerium madagascariense*[149]로 학계에 처음 발표하였다.[150]

당시 이들 표본의 수집 공로는 전적으로 윌리엄 풀에게 귀속되었으나, 이후 존 베이커는 1887년 발표한 논문 《마다가스카르 식물상에 대한 추가 기여Further Contributions to the Flora of Madagascar》에서 해당 표본들이 윌리엄 풀 부부에 의해 공동으로 수집된 것임을 언급하며 메리 풀의 기여를 뒤늦게나마 인정하였다.[151] 그러나 이는 그녀의 독자적인 채집 활동을 온전히 반영하지 못한 소극적 표현에 그쳤고, 명명권이나 공식적인 학문적 기여로까지는 이어지지 않았다. 그것이 단순한 기록상의 착오였는지, 혹은 메리 풀을 비롯한 동시대 여성 식물학자들이 처한 구조적 한계의 반영이었는지는 분명하지 않다. 다만 그들의 이름이 학술의 전면이 아닌 변두리에만 머물렀다는 점은, 오늘날까지도 많은 아쉬움으로 남는다.

마다가스카리엔스의 발견은 단지 개인의 수집 성과를 넘어, 런던 선교회가 마다가스카르에서 꾸준히 이어온 선교와 탐사 활동의 흐름 속에서 이루어진 결과로 볼 수 있다. 1850년대, 런던 선교회 소속의 선교사이자 엘리시아이의 발견자인 윌리엄 엘리스는 마다가스카르 선교의 선구자로 활동하며, 종교 사역과 더불어 자연사에도 깊은 관심을 보였다. 그는 식물 표본 수집에 적극적으로 참여하였고, 마다가스카르 식물상에 대한 애정을 바탕으로 다수의 표본을 큐 왕립식물원에 기증하였다.[152] 이러한 그의 활동은 후속 선교사들에게도 자연스럽게 영향을 주었고, 풀 부부를 비롯한 많은 선교사들은 사역지에서의 휴식 시간이나 이동 중 틈틈이 식물을 채집하며 여가를 즐기는 그들만의 독특한 문화를 형성해 나갔다.

결과적으로, 런던 선교회가 마다가스카르에서 이어온 선교 활동은 단지 종교적 사역에 그치지 않고, 자연사에 대한 탐사와 표본 수집으로도 확장되었다. 이러한 흐름 속에서 풀 부부의 식물 수집은 하나의 구체적 성과로 나타났으며, 이는 큐 왕립식물원과의 학문적 협력을 통해 체계화되었다. 마다가스카리엔스의 학술적 등장은 19세기 자연사 연구와 종교적 사명이 만나는 접점을 보여주는 대표적인 사례로 평가된다.

생태와 서식환경

마다가스카리엔스는 마다가스카르에만 자생하는 박쥐란으로, 북동부 지역을 중심으로 분포한다. 이 지역에는 엘리시아이도 함께 자생하지만, 두 종은 주요 서식 환경에서 차이를 보인다. 엘리시아이는 해안가의 맹그로브 숲에 주로 서식하는 반면, 마다가스카리엔스는 해발 300~700m 내외의 내륙 습한 숲 지대에 주로 서식한다.[153]

마다가스카리엔스는 모든 박쥐란 중에서도 매우 독특한 공생 생태계를 형성하며 살아간다. 자생지에서는 주로 콩과의 대형 수목인 알비지아속 구미페라 *Albizia gummifera*[154]에 착생하여 자라는 모습이 관찰된다.[155] 이 나무는 넓고 복삽한 가지 구조를 이루고 있어, 비로 인한 과도한 수분으로부터 마다가스카리엔스를 보호하고 동시에 빗물을 머금어 안정적인 수분 환경을 제공한다. 이러한 환경이 마다가스카리엔스의 생존에 특히 유리하게 작용하는지, 혹은 알비지아속 구미페라와 실질적인 공생 관계를 이루는지는 아직 명확히 밝혀지지 않았다. 그러나 마다가스카리엔스가 유독 이 나무에 착생한 채 자라는 생태적 경향은, 두 종 간의 상호 관계를 규명하기 위한 연구 대상으로서 충분히 주목할 만한 가치를 지닌다.

또한 마다가스카리엔스는 영양엽 내부에 개미가 서식할 수 있는 공간을 형성하여 독자적인 내부 공생 체계를 유지한다. 개미는 이 내부 공간에 둥지를 틀고 생활하면서 유기물 부산물을 배출하고, 마다가스카리엔스는 이를 양분으로 흡수하여 생장에 활용한다. 개미 활동은 외부 착생식물이나 이끼류의 침투를 억제하고, 병원균이나 해충으로부터 마다가스카리엔스를 일정 부분 보호하는 역할도 한다. 개미 둥지의 벽은 착생식물의 뿌리가 벽을 따라 뻗을 수 있게 유도하여, 착생식물의 뿌리가 영양엽 내부를 잠식하는 것을 억제한다.[156]

흥미롭게도, 이 공생 체계는 이에 국한되지 않고 더 복잡한 생물 간 상호작용으로 이어진다. 마다가스카르에서만 자생하는 난초과 식물인 에우로피아속 파르달리나 *Eulophia pardalina*[157]도 이 체계에 관여한다. 이 식물은 다육질의 굵은 뿌리를 가진 중대형 착생란으로, 과습에 취약하면서도 건조한 환경에도 민감한 생리적 특성을 지닌다. 마다가스카리엔스의 영양엽 내부 공간은 우기에는 뿌리를 과도한 수분으로부터 보호하고, 건기에는 수분 증발을 억제하여 적절한 습도를 유지하는 데 도움을 준다. 이러한 환경은 에우로피아속 파르달리나가 안정적으로 착생하여 생장하기에 적합한 조건을 제공한다. 실제 자생지에서 에우로피아

Platycerium madagascariense's
Symbiosis 마다가스카리엔스의 공생

마다가스카리엔스의 영양엽 내부 공간은 우기에는 뿌리를 과도한 수분으로부터 보호하고, 건기에는 수분 증발을 억제하여 적절한 습도를 유지하는 데 도움을 준다. 이러한 환경은 에우로피아속 파르달리나가 안정적으로 착생하여 생장하기에 적합한 조건을 제공한다. 실제 자생지에서 에우로피아속 파르달리나는 대부분 마다가스카리엔스에 착생한 상태로 발견된다.

에우로피아속 파르달리나
Eulophia pardalina

마다가스카리엔스
Platycerium madagascariense

속 파르달리나는 대부분 마다가스카리엔스에 착생한 상태로 발견된다.[158]

그러나 시간이 지나면서 에우로피아속 파르달리나의 뿌리가 마다가스카리엔스의 영양엽 내부 공간을 과도하게 점유할 경우, 마다가스카리엔스의 뿌리 생장이 방해를 받고 수분 및 양분 확보에 밀려 쇠약해질 수 있다. 이에 대해 마다가스카리엔스는 개미와의 공생을 통해 이러한 불리한 관계를 일정 부분 극복해나간다. 개미가 형성한 둥지 구조는 에우로피아속 파르달리나의 뿌리 확산을 제한하고, 마다가스카리엔스가 양분 경쟁에서 우위를 점할 수 있도록 돕는다.[159] 동시에 에우로피아속 파르달리나 역시 개미 둥지에서 배출되는 유기물 부산물을 흡수하여 생육하기 때문에, 이들 세 종은 경쟁과 협력이 혼재된 복잡한 공생 구조를 이루고 있다. 이러한 고도로 특화된 착생 생태계야말로 마다가스카리엔스를 박쥐란속에서도 독보적인 생태적 위치에 올려놓고 있다.

형태적으로 마다가스카리엔스는 와플처럼 올록볼록한 엠보싱 질감의 영양엽을 가지고 있으며, 이 독특한 외형으로 인해 박쥐란 애호가들 사이에서 높은 관상 가치를 인정받고 있다. 그러나 이 종은 쿼드리디코토뮴과 함께 재배 난이도가 가장 높은 박쥐란 중 하나로 알려져 있어, 쉽게 키우기 어려운 종으로 오랫동안 인식되어왔다.

마다가스카리엔스는 실제로 일반적인 박쥐란보다 습도와 온도에 대한 생육 허용 폭이 현저히 좁아, 자생지 환경과 유사한 조건이 갖춰지지 않으면 쉽게 고사하고 만다. 과거 냉난방 기술이 미비했던 시기에는 재배 환경이 해당 지역의 기후에 크게 의존할 수밖에 없었고, 일반적인 박쥐란과 유사한 방식으로 관리하다 실패하는 사례도 빈번하였다. 이러한 반복된 실패는 '마다가스카리엔스는 키우기 어려운 종'이라는 인식을 고착시키는 데 큰 영향을 주었다. 그리하여 마다가스카리엔스는 자생 환경을 반영하여, 높은 광량과 60~80%의 습도, 15~25°C의 온도, 그리고 증류수 관수라는 일종의 공식과 같은 재배 조건을 반드시 지켜야만 키울 수 있는 종으로 여겨져왔다.[160] 그러나 최근에는 온습도 조절 장비의 발달과 인공광 환경의 보편화로, 계절이나 지역에 관계없이 실내에서도 안정적인 재배가 가능해졌다. 특히 수질에 대한 인식 역시 변화하였다. 과거에는 곰팡이와 세균에 대한 민감성으로 인해 수질이 불확실한 물을 피하고, 증류수나 끓인 물을 식혀 사용하는 것이 일반적인 방식으로 자리 잡았으며, 이는 당시 수돗물의 위생 상태에 대한 우려에서 비롯된 것이었다.

현재는 정수 및 소독 기술의 발전으로 일반 수돗물도 충분히 안전한 관수원으로 사용될 수 있게 되었다. 일부에서는 수돗물 속 염소 성분이 식물에 해롭다며, 이를 제거하기 위해 수돗물을 하루 정도 상온에 방치한 후 사용하는 것을 권장하기도 하나, 이는 과거의 수질 문제와는 다른 맥락에서 비롯된 불안감에 가깝다.

세계보건기구 WHO는 식수의 잔류 염소 농도를 5ppm mg/L 이하로 유지할 것을 권장하고 있으며,[161] 국내의 경우 수돗물의 잔류염소를 4ppm mg/L 이하로 유지하고 있다.[162] 일반적으로 식물에 유해하다고 간주되는 잔류 염소 농도는 150ppm mg/L 이상이며,[163] 이에 비해 수돗물의 염소 농도는 식물 생장에 전혀 해가 되지 않는 수준이다. 오히려 수돗물은 증류수나 끓인 물보다 미네랄과 용존산소가 풍부하여, 마다가스카리엔스의 재배에 긍정적인 영향을 줄 수 있다.

마다가스카리엔스는 다수의 자구를 빠르게 형성하여 군생을 확장하는 다자구 군생형 박쥐란이다. 소형 종이라는 구조적 특징과 빛에 민감한 생리적 특성으로 인해, 다른 다자구 군생형 종들처럼 자구들이 층층이 겹쳐지며 거대한 덩어리형 균집체를 이루기보다는, 소규모의 구형 군생이나 착생 대상 위를 얇게 덮고 수평적으로 퍼지는 형태의 군생을 이루는 경향이 있다. 자생 환경에서 마다가스카리엔스의 자구는 생존력이 강한 편이며, 조건이 양호할 경우 광범위한 군생 개체군이 형성되어 과거에는 많은 발견 사례가 있었다. 그러나 재배의 어려움으로 인해 자생지에서의 무분별한 채집이 오랜 기간 지속되었고, 그 결과 현재는 야생에서 마다가스카리엔스를 찾아보기 어려운 상황에 이르렀다.

형태와 구조

마다가스카리엔스는 평균 8개 정도의 짧고 일반적인 굵기의 털로 이루어진 성상모를 가지며, 성상모의 밀도는 낮은 편이다. 이로 인해 잎을 자세히 들여다보지 않으면 성상모의 존재 여부를 쉽게 인식하기 어렵지만, 가까이서 관찰하면 전체 표면에 성상모가 얇게 깔려 있는 것을 확인할 수 있다.

마다가스카리엔스의 영양엽은 알시콘이나 엘리시아이처럼 둥근 형태를 이루나, 표면이 평탄하지 않고 울퉁불퉁한 독특한 외형을 가진다. 잎맥은 주맥과 측맥이 육각형의 그물망처럼 분포하며, 이들이 표면 위로 돌출되어 마치 '와플'과 같은 엠보싱 구조를 형성한다. 이러한 독특하고 아름다운 외형으로 인해 마다가스카리엔스는 박쥐란 애호가들 사이에서 '와플 박쥐란'이라는 별칭으로 불리기도 한다.

마다가스카리엔스의 생식엽은 처음 두 갈래로 갈라진 후 각 방향으로 두 갈래씩 갈라지는 이분법 구조의 분기가 1~2회 정도 더 이어진다. 생식엽의 넓이는 알시콘보다 넓으며 엘리시아이보다는 좁거나 비슷한 편이다. 마다가스카리엔스의 생식엽 전면에는 영양엽과 유사한 와플 형태의 잎맥이 형성된다. 이 잎맥은 평소에는 깊고 뚜렷한 굴곡을 이루지는 않지만, 빛이 강한 환경에서는 비교적 깊은 굴곡이 나타나기도 한다.

포자와 번식

　마다가스카리엔스의 포자낭군은 일반적으로 생식엽 뒷면, 잎의 말단부에 주로 형성된다. 그러나 빛과 습도 조건이 양호한 환경에서는 잎의 중간 부위부터 잎 끝까지 넓게 분포하기도 한다. 박쥐란은 종에 따라 포자낭군의 형성 시기가 다르지만, 대부분 성체가 된 이후에야 형성되는 것이 일반적이다. 그러나 마다가스카리엔스는 영양엽에 와플 형태의 잎맥이 뚜렷하게 발현되기 시작할 무렵부터 생식엽이 나오며, 이때 처음 전개된 생식엽에도 포자낭군이 잘 형성되는 경향이 있다.

　포자 발아율 역시 상당히 높은 편에 속하며, 환경 조건이 양호할 경우 많은 개체를 효과적으로 번식시킬 수 있다. 다만 생육 환경의 변화에 민감한 생리적 특성으로 인해, 발아 이후 전엽체 또는 어린 포자체가 성체로 자라기까지의 생존률은 매우 낮은 편이다. 일반적으로 생존률이 낮은 종일수록 포자 발아율은 높은 경향을 보이는데, 마다가스카리엔스 역시 이와 같은 특성을 지닌 대표적인 박쥐란으로 볼 수 있다.

Platycerium quadridichotomum 쿼드리디코도뮴

학명 *Platycerium quadridichotomum* (Bonap.) Tardieu
출처 Notul. Syst. (Paris) 15: 420, t.1(3-5) (1959)
명명자 마리 타르디유(Marie L. Tardieu, 1902~1998)
원명자 롤랑 보나파르트(Roland Bonaparte, 1858~1924) | UPOV 미등록
IPNI 분류 *Platycerium quadridichotomum* (Bonap.) Tardieu

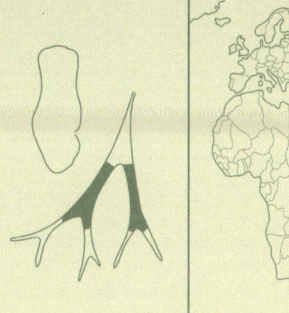

생식엽의 가장자리는 구불구불한 굴곡이 형성된다.

분류의 역사

쿼드리디코토뮴은 1907년, 프랑스의 지리학자이자 식물학자인 롤랑 보나파르트Roland Bonaparte에 의해 마다가스카르 북서부 베마리보Bemarivo 인근의 숲에서 처음 발견되었다. 공식적인 발견은 이 시기로 기록되어 있지만, 이보다 앞선 시기에 다른 국가의 식물학자나 선교사들에 의해 관찰되었을 가능성도 제기된다. 그러나 이들에 의해 쿼드리디코토뮴이 독립된 종으로 기술된 사례는 현재까지의 문헌에서는 확인되지 않는다.

이 종은 이후 소개할 스테마리아와 형태적으로 유사한 점이 많아, 오랫동안 스테마리아 또는 다른 박쥐란 종으로 간주되었을 가능성이 있다. 이러한 유사성으로 인해 쿼드리디코토뮴의 정체성은 비교적 늦은 시기에 독립된 형태로 정리된 것으로 추정된다.

롤랑 보나파르트는 당시 이 박쥐란을 비푸카텀의 변이종으로 판단하였으며, 특히 생식엽이 최대 네 번 이분법적으로 분기되는 독특한 구조에 주목하였다. 그는 이러한 분기 형태를 반영하여 '네 번 이분되는' 구조를 의미하는 '쿼드리디코텀quadridichotom'과 라틴어 여성 주격 단수 어미 '–a'를 덧붙여 '쿼드리디코토마quadridichotoma'로 명명하고, 1917년 박쥐란속 비푸카텀 변이종 쿼드리디코토마 Platycerium bifurcatum var. quadridichotoma[164]로 처음 공식 분류하였다.[165]

롤랑 보나파르트는 프랑스 황제 나폴레옹 보나파르트Napoleon Bonaparte의 조카

어원	quadri (넷, 라틴어) + διχοτομία (둘로 나눔/이분법, 그리스어)
탈락·변형	διχοτομία → 라틴어 dichotomia → '-ia' 탈락 dichotom-
어미	'-um' (형용사 어미, 중성 주격 단수, 2변화)
결합	quadri- + dichotom- + -um → quadridichotomum
의미	'네 번 이분되는'

종소명의 기원

손자로, 과거 이탈리아 자치국가 카니노Canino와 무시냐노Musignano의 여섯 번째 왕자이다. 젊은 시절 그는 프랑스 군인으로 복무하였으나, 왕족이라는 출신 배경으로 인해 프랑스 제3공화국 하에서 시행된 왕가의 군 복무 금지 법령에 따라 군 생활을 중단하게 되었고, 이후 자연사 연구에 몰두하게 되었다.[166] 그는 1879년, 프랑스의 금융 재벌가 출신인 마리 블랑Marie F. Blanc과 결혼하였으나, 그녀는 결혼 3년 만인 1882년 폐색전증으로 사망하였다.

마리 블랑은 모나코의 '몬테카를로 카지노Casino de Monte-Carlo'를 설립한 기업가 프랑수아 블랑François Blanc의 딸로, 부친은 카지노 및 철도 산업을 유럽 전역으로 성공적으로 확장하며 막대한 부를 축적한 인물로 널리 알려져 있다. 그녀의 사망 이후, 롤랑 보나파르트는 상당한 규모의 유산을 상속받았으며, 이를 바탕으로 파리 외곽 생클루Saint-Cloud에 위치한 그의 저택에 개인 식물 표본관을 설치하고, 약 300만 점에 달하는 건조 식물 표본을 수집하였다.[167] 이는 단순한 개인 수집의 범주를 넘어, 국제 식물 분류학이 국가 간 경쟁 구도로 전개되던 시기에 민간 수집가가 그 학문적 흐름에 실질적으로 개입한 대표적 사례로 평가된다.

19세기 후반부터 20세기 초에 이르는 시기 동안, 영국의 큐 왕립식물원은 식물 분류학의 세계적 중심지로 기능하며, 아프리카 및 마다가스카르 식물상에 대한 국제적 분류 기준을 주도하였다. 당시 다수의 마다가스카르 출신 식물 종들이 큐 왕립식물원을 경유하여 영국 식물학자들에 의해 명명 및 분류되었고, 이는 자연스럽게 마다가스카르 식물군에 대한 초기 분류의 주도권이 영국에 집중되는 결과로 이어졌다. 반면, 프랑스는 식민지 식물 분류 작업에 비교적 늦게 착수하였으며, 마다가스카르 식물군에 대한 과학적 조명 또한 20세기 초반 이후에야 본격화되기 시작하였다. 이러한 상황 속에서 롤랑 보나파르트는 민간 신분

임에도 불구하고, 프랑스 주도의 식물 분류학 진전에 있어 선구적이며 구조적인 전환을 이끈 인물로 평가된다.

쿼드리디코토뮴은 롤랑 보나파르트의 분류 이후 약 40여 년간 비푸카텀의 변이종으로 간주되어 왔으나, 1959년 프랑스의 식물학자 마리 타르디유Marie L. Tardieu에 의해 별도의 종으로 승격되었다. 마리 타르디유는 이 박쥐란이 비푸카텀이나 알시콘과는 확연히 구분되는 독립된 형태를 지닌다는 점을 근거로 기존 변종명 '쿼드리디코토마quadridichotoma'의 여성형 어미를 중성형 어미로 수정하여, 박쥐란속 쿼드리디코토뮴Platycerium quadridichotomum[168]으로 재분류하였다.[169]

마리 타르디유는 프랑스의 식민지 식물 분류학이 제도화되던 시기에 등장한 대표적인 여성 식물학자로, 프랑스 국립 자연사 박물관에 소속되어 프랑스령 인도차이나, 마다가스카르, 아프리카 등지의 식물상에 대한 정밀한 분류 작업을 수행하였다.[170] 특히 마다가스카르 자생 박쥐란속에 대한 일련의 재검토는 프랑스 양치식물 분류학의 체계 정립에 있어 중요한 전기를 마련하였다.

이러한 맥락에서 쿼드리디코토뮴의 분류사는 단일 표본에 대한 기술을 넘어, 프랑스 제국주의 과학 체계 하에서 민간 수집자와 국립 기관이 구축한 분류 네트워크가 유기적으로 작동한 대표적인 사례로 이해될 수 있다. 롤랑 보나파르트의 현장 수집과 마리 타르디유의 제도권 분류 작업은 긴밀히 연결되며, 학술사적으로도 깊은 연속성을 지닌다.

생태와 서식환경

쿼드리디코토뮴은 마다가스카르에서만 자생하는 박쥐란 종으로, 북서부 해안 인근의 건조한 낙엽수림과 석회암 지형이 혼재된 특수한 생태 환경에 서식한다. 이 지역은 연평균 강수량이 1,000~1,500mm 수준에 불과한 건조 낙엽수림dry deciduous forest에 해당하며, 연중 절반에 가까운 기간이 건기로 구분될 정도로 뚜렷한 건조 주기를 보인다.[171] 특히 마다가스카르 북서부는 '칭기tsingy'라 불리는 날카롭고 침식된 석회암 바위들이 숲처럼 펼쳐진 복합 지형으로 이루어져 있어, 식물이 뿌리를 내리기에 물리적으로도 까다로운 환경이다.

유네스코 세계유산으로 지정된 베마라하 칭기 자연보전지역Tsingy de Bemaraha Strict Nature Reserve은 이러한 칭기로 알려진 석회암 지형 위에 고립된 숲들이 소규모 군락 형태로 분포하는 독특한 생태 공간으로, 쿼드리디코토뮴은 이와 같은 환경에서 주로 발견된다.

쿼드리디코토뮴은 일반적인 박쥐란과는 달리 나무보다 석회암이나 사암으로 이루어진 수직 암벽이나 경사진 바위면에 착생하는 경향이 두드러진다. 이러한 서식 방식은 해당 지형에 특화된 착생 형태로 진화한 결과로 해석되며, 극도로 제한적이고 고립된 서식 환경에 적응한 독자적인 생태 전략으로 평가된다. 자생지의 기후가 건기로 접어들면 수분 확보가 극히 제한되며, 이때 쿼드리디코토뮴은 휴면 상태로 들어간다. 영양엽과 생식엽은 세로 방향으로 말리면서 수축되고 전반적으로 시든 듯한 형태를 띤다. 이러한 변화는 잎의 표면적을 줄여 증산 작용을 억제하고, 대사 활동을 최소화하려는 생리적 반응으로 해석된다.[172] 이러한 구조적 적응 덕분에 쿼드리디코토뮴은 계절성 건조에 효과적으로 대응하며, 극도로 제한된 수분 환경에서도 바위 틈 사이에 착생하여 생존을 이어갈 수 있다.

쿼드리디코토뮴은 소형 박쥐란에 속하며, 생장 속도는 느리지만 일정한 환경이 조성될 경우 모체 주변에 뿌리자구를 형성한다. 특히 쿼드리디코토뮴의 자구는 나무에 착생한 경우, 나무를 둘러싸는 전형적인 고리형 군생을 형성한다. 반

Platycerium quadridichotomum's Dormancy 쿼드리디코토뮴의 휴면

쿼드리디코토뮴의 자생지는 연평균 강수량이 1,000~1,500mm 수준에 불과한 건조 낙엽수림 dry deciduous forest 에 해당하며, 연중 절반에 가까운 기간이 건기로 구분될 정도로 뚜렷한 건조 주기를 보인다. 자생지의 기후가 건기로 접어들면 수분 확보가 극히 제한되며, 이때 쿼드리디코토뮴은 휴면에 들어간다.

생식엽은 세로 방향으로 말리면서 수축되고 전반적으로 시든 듯한 형태를 띤다.

PLATYCERIUM

면 바위에 착생할 때는 수직 면을 따라 좌우로 길게 퍼지는 확장형 군생을 이루는 경우가 많다. 이는 착생 공간이 제한된 바위 지형에서 가용 면적을 최대한 활용하려는 일종의 생존 전략으로 해석할 수 있다. 다만 자구의 형성 빈도는 낮은 편이며, 서식 환경이 척박한 탓에 군생이 크게 확장되는 사례는 드물다.

형태와 구조

쿼드리디코토뮴은 홀투미아이와 유사한 길이와 굵기를 가진, 평균 8개 정도의 털로 이루어진 성상모를 가지고 있다. 이 성상모는 별 모양을 이루는 각 털이 1~2회 정도 꼬여 있어, 빛을 독특하게 반사하는 특징이 있다. 밀도는 높지 않으며, 잎 표면에 얇게 깔리는 형태로 분포하여 잎 표면의 색을 은은하게 드러내는 데 기여한다.

쿼드리디코토뮴의 가장 큰 관상적 특징은 이 종이 자아내는 색감이라 할 수 있다. 밝고 환한 연녹색을 띠는 잎은 성상모에 의해 부드럽게 확산된 빛을 반사하며, 다른 박쥐란에서는 쉽게 찾아볼 수 없는 고급스러운 질감을 만들어낸다. 실제로 일부 애호가들은 이 독특한 색을 '에메랄드그린'으로 표현하기도 한다.

영양엽은 생장점을 기준으로 하단부는 착생 대상을 감싸며, 상단부는 위로 직립한 뒤 말단으로 갈수록 옆으로 살짝 퍼지는 부채꼴 형태를 이룬다. 끝부분에는 분기라기보다는 낮고 불규칙한 갈라짐이 형성된다.

생식엽은 종소명의 유래처럼 아래로 늘어지며 처음 두 갈래로 갈라진 뒤, 각 방향으로 두 갈래씩 갈라지는 분기가 세 차례가량 더 반복되어 총 네 번의 이분법적 분기를 이룬다.

생식엽의 가장자리는 구불구불한 굴곡이 형성되는 것이 특징이다. 이는 혹독한 건기를 견디기 위한 생존 전략으로 진화한 결과라는 해석이 제기되고 있으나, 그 진화 과정을 뒷받침할 명확한 근거는 아직 밝혀지지 않은 상태이다. 다만 건조한 환경에 장기간 노출된 쿼드리디코토뮴의 경우, 생식엽 가장자리의 굴곡이 뚜렷하게 발달된 모습을 쉽게 확인할 수 있다.

포자와 번식

쿼드리디코토뮴의 포자낭군은 생식엽 뒷면, 첫 번째와 두 번째 분기 사이에 형성된다. 즉, 생식엽 중간 부위에 포자낭군이 위치한다. 이는 다수의 박쥐란 종에서 포자낭군이 생식엽 말단에 집중되는 양상과는 구별되는 구조적 특징이다. 다른 박쥐란과 마찬가지로, 어린 개체이거나 빛이 부족한 환경에서는 포자낭군이 잘 형성되지 않으며, 성숙한 개체가 충분한 광량을 받을 때에만 안정적으로 발달한다.

자연 상태에서의 포자 발아율은 낮은 편이나, 인공적인 포자 번식 자체는 기술적으로 큰 어려움이 없다. 다만, 재배 환경에 대한 명확한 해법이 정립되지 않았기 때문에 실생 도중 고사하는 사례가 빈번히 발생한다. 특히 초기 생장 단계에서 고온건조와 통기 부족이 동시에 발생할 경우, 세력이 급격히 약화되며 치사율이 높아진다. 이러한 이유로 인공 재배를 통해 유통되는 개체 수는 매우 제한적이다. 이처럼 쿼드리디코토뮴은 재배 난이도가 매우 높은 종으로, '애호가들의 마지막 관문' 혹은 '도전의 상징'으로 불리며 박쥐란 재배 문화에서 상징적인 위치를 차지하고 있다.

Platycerium ridleyi

리들리아이

학명 *Platycerium ridleyi* Christ
출처 Ann. Buit. II. Suppl. III: 8, t.2 (1909)
명명자 허먼 크라이스트(Hermann Christ, 1833~1933)
UPOV 등록
IPNI 분류 *Platycerium ridleyi* Christ

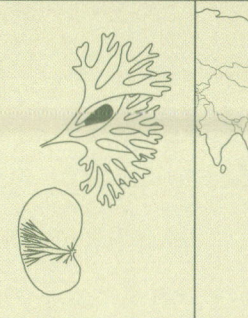
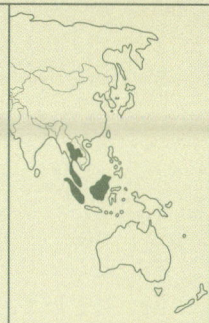

레카노프테리스 크루스타체아
Lecanopteris crustacea

리들리아이
Platycerium ridleyi

스푼 형태의 포자엽

분류의 역사

리들리아이는 1890년대 중반, 영국 출신의 동남아시아 성공회 교구 주교였던 조지 호스George F. Hose에 의해 처음 발견되었다.[173] 조지 호스는 1878년부터 1908년까지 '왕립 아시아 학회 말레이시아 지부Malaysian Branch of the Royal Asiatic Society'의 학회장을 역임하였으며, 동남아시아의 동식물, 언어, 민속 문화 등 자연사 전반에 깊은 관심을 가진 인물이었다.[174] 그는 목사이자 학회장이며 동시에 탐험가로서, 영국 식민지 시기 말레이시아에서 서구 자연과학의 현지화를 주도하였고, 이러한 활동은 영국의 식물학자 헨리 리들리Henry N. Ridley와의 교류를 통해 보다 구체화되었다.

당시 말레이시아 일대에서 양치류를 집중적으로 연구하던 헨리 리들리는 싱가포르에 체류하며 현장 조사를 이어가고 있었고, 이 시기 조지 호스는 그와 함께 싱가포르 인근 숲을 탐사하며 식물 표본 수집을 지원하였다. 탐사 도중 조지 호스는 자신이 수년 전 접한 독특한 형태의 박쥐란에 대해 언급하였고, 이에 흥미를 느낀 헨리 리들리는 해당 서식지를 직접 방문하여 실물 표본을 채집하게 되었다.[175]

이러한 식물학적 탐사는 헨리 리들리의 오랜 분류학적 경력에 기반한 것이었다. 그는 1880년대 초 대영박물관 식물 분과에서 표본 정리 및 기재 업무를 맡으며 식물 분류학의 기초를 다졌고, 1888년부터 1911년까지는 싱가포르 식물

어원	인명 Ridley (리들리)
탈락 · 변형	Ridley (y=모음) → ridley-
어미	'-i' (남성 소유격 단수 어미, 이름이 모음이나 'y'로 끝날 때 단일 '-i' 사용)
결합	ridley + '-i' → ridleyi
의미	'리들리를 기리는' '리들리에게 바치는'

종소명의 기원

원의 초대 원장으로 재직하며 말레이시아 일대의 식물상을 집대성하였다. 특히 고무나무 산업의 기반을 마련한 인물로도 널리 알려진 그는, 이 시기 채집하고 기록한 방대한 식물 표본을 통해 오늘날 동남아시아 식물연구의 기초 자료를 제공하고 있다.[176]

한편 헨리 리들리는 자신이 채집한 이 박쥐란을 코로나리움의 왜성[32]형으로 판단하였으며, 보다 정확한 분류를 위해 1898년, 평소 양치식물 동정에 대해 자문을 구하던 스위스의 식물학자 허먼 크라이스트 Hermann Christ에게 해당 표본을 보내 정밀 감정을 의뢰하였다. 허먼 크라이스트는 본래 법률가로 교육을 받았으나, 이후 양치식물 분류에 전념하며 생애 동안 300편이 넘는 관련 논문을 발표한 유럽의 대표적인 식물학자였다. 그는 유럽, 아시아, 아프리카 지역의 식물학자들과 활발히 서신을 주고받으며 수많은 양치류를 실증적으로 분석하였고, 헨리 리들리와도 학술적 교류를 이어갔다. 그는 리들리로부터 전달받은 박쥐란 표본을 역시 코로나리움의 왜성형으로 간주하였으며, 이러한 판단은 리들리의 견해와 일치하였다.[177]

1908년, 헨리 리들리는 《말레이 반도의 양치식물 목록 A List of the Ferns of the Malay Peninsula》이라는 논문을 발표하며, 해당 박쥐란을 박쥐란속 비폼 *Platycerium biforme*, 지금의 코로나리움의 변이형인 에렉타 var. *erecta*[178]로 분류하고, 자신이 채집한 표본 '리들리 10830 Ridley 10830'을 정기준표본으로 지정하였다.[179]

흥미롭게도 같은 해, 동남아시아 양치식물 분류의 기초를 정립한 인물로 평가받는 네덜란드의 식물학자 반 알더베렐트 C.R.W.K. van Alderwerelt는 인도네시아 자바와 링가 제도에서 수집한 유사한 박쥐란을 별도로 기술하며, 이를 코로나리움의 또 다른 변이형인 쿠쿨라텀 var. *cucullatum*[180]으로 분류하였다.[181] 그러나 그는 헨리 리들리의 논문을 인용하지 않았고, '리들리 10830' 표본 역시 참고하지 않았으며, 정기준표본도 명시하지 않았다. 결과적으로 헨리 리들리와 반 알더베렐트는 서로 다른 지역에서, 서로 다른 표본을 바탕으로 동일한 식물을 각각 명명하였고, 공교롭게도 같은 해에 발표하게 되었다는 점에서 학술사적으로도 주목할 만한 사례가 되었다.

이는 19세기 말 동남아시아를 둘러싼 제국 간 식민지 과학의 구조를 단적으로 보여주는 사례이기도 하다. 당시 말레이 반도는 영국의 해협 식민지Straits Settlements 체제에, 자바와 링가 제도는 네덜란드령 동인도Nederlands-Indië에 속해 있었으며, 1824년 체결된 '영국–네덜란드 조약Anglo-Dutch Treaty'을 통해 동남아시아의 식민지 경계가 명확히 설정되었다. 이로 인해 말레이시아 지역은 주로 영국 식물학자들의 탐사 영역으로, 인도네시아 지역은 네덜란드 식물학자들의 활동 무대로 고정되었고, 양국 간 학술적 교류는 제한적일 수밖에 없었다. 이러한 배경은 동일한 종을 양국 식물학자들이 각기 독립적으로 명명하게 된 원인으로 작용하였다.

이후 두 변이형이 실질적으로 동일한 식물이라는 인식이 학계에 확산되면서, 이 종에 대한 분류적 혼란이 제기되었다. 이에 허먼 크라이스트는 1909년《박쥐란속의 두 종Deux Especes de Platycerium desv.》이라는 논문을 발표하여, 두 종의 형태 차이는 변이 수준에 불과하며, 실질적으로는 동일한 종이라 판단하였다. 그는 두 명칭 중 하나를 선택하는 행위 자체를 포기해야 하며, 두 명칭을 모두 이명으로 처리하고, 해당 종을 독립된 하나의 종으로 재분류해야 한다고 주장하였다. 또한 가장 오래 집중적으로 연구한 인물의 이름을 학명에 반영하는 것이 타당하다는 입장을 밝혔다. 허먼 크라이스트는 오랜 서신 교류를 통해 헨리 리들리가 해당 식물에 지속적으로 주목하며 정기준표본을 남기는 등 학문적으로 중요한 공헌을 해왔음을 인지하고 있었고, 이에 그의 이름을 따 '리들리아이ridleyi'

로 명명하였다. 그는 이를 박쥐란속 리들리아이 *Platycerium ridleyi*[182]로 정식 분류함으로써, 헨리 리들리의 공로를 공식적으로 기리는 동시에 중복 명명의 혼란을 정리하였다.[183]

이처럼 리들리아이의 명명사는 단순한 종 식별 과정을 넘어, 식민지 과학의 경계와 제국 간 학술 경쟁이 교차하던 식물 분류의 현장을 상징적으로 보여준다. 서로 다른 제국에 속한 식물학자들이 각자의 탐사 기반에서 독립적으로 접근한 뒤, 제3국 학자가 이를 감정하고 통합하는 과정을 통해 하나의 학명이 정립되었으며, 그 궤적은 오늘날 학명에 남겨진 인물의 이름을 통해 되짚어볼 수 있다. 특히 식민지를 보유하지 않았던 스위스 출신 식물학자가 이 명명 정리를 주도하였다는 사실은, 제국 식물학의 경계 너머에서 스위스를 비롯한 중립국 학자들이 학문적 중재자이자 조정자로 기능했을 가능성을 시사한다.

생태와 서식환경

리들리아이는 말레이시아, 인도네시아수마트라와 보르네오, 태국 등지의 열대 밀림에서 서식하는 동남아시아 일대 자생종이다. 리들리아이의 서식지는 단시간 강수와 강한 바람이 동반되는 스콜squall 현상이 반복되는 열대 우림 기후로, 과습에 취약한 식물에게는 생존이 쉽지 않은 환경이다. 리들리아이는 적절한 빛을 선호하고 과습에 민감한 특성을 가지며, 자생지에서는 빛을 받을 수 있는 나무 꼭대기 부근의 가지에 착생하는 경우가 많다. 이처럼 빛을 받기 유리한 높고 개활된 환경에 서식하기 때문에, 스콜과 같은 거센 비바람에 직접적으로 노출될 수밖에 없다. 이러한 서식 환경은 리들리아이의 형태적 특성을 형성하는 데 중요한 역할을 했다. 리들리아이의 영양엽은 생존을 위해 착생 대상을 완전히 감싸며, 그 표면에 견고하게 밀착되어 뿌리를 과도한 수분으로부터 보호하고 강한 바람에도 떨어지지 않도록 견디는 구조로 진화하였다. 전체적으로는 둥근 공 모양을 이루며, 이는 리들리아이를 포함한 공 유형 박쥐란의 대표적인 생존 전략 중 하나이다. 반면, 착생 대상과 견고하게 밀착되어 있다 보니, 리들리아이는 자체적으로 양분을 흡수할 수 있는 구조를 지니고 있지 않다. 따라서 내부 공간을 개미의 서식처로 제공하고, 그 배설물이나 유기물 찌꺼기를 양분으로 활용하는 공생 전략을 통해 생존한다.[184] 실제로 야생에서 채집된 대부분의 개체에서 내부에 개미 둥지가 발견되며, 이는 리들리아이의 생존이 개미와의 공생에 필수적으로 의존하고 있음을 뒷받침한다.

리들리아이는 자생지에서 개미고사리Ant fern로 불리는 다양한 레카노프테리스속Lecanopteris Reinw.[185] 식물과 공생하는 모습이 빈번하게 관찰된다. 이들 개미고사리는 뿌리줄기 내부에 개미의 서식 공간을 제공하고 그 부산물을 양분으로 삼는 방식으로 살아가며, 리들리아이처럼 착생한 채 자체적인 양분 축적이 어려운 식물에게 중요한 공생 파트너로 작용한다. 이 가운데 특히 레카노프테리스 크루스타체아Lecanopteris crustacea[186]는 리들리아이와 자생지의 분포가 거의 일치하는 것으로 알려져 있으며, 두 종이 함께 서식하는 모습이 자주 관찰된다.[187]

레카노프테리스 크루스타체아는 고사리목Polypodiales 고란초과Polypodiaceae에 속하는 착생 식물로, 리들리아이와 마찬가지로 나무에 착생하여 살아간다. 뿌리줄기는 두껍고 울퉁불퉁하며, 시간이 지남에 따라 검게 변하고 내부가 비어간다. 이 속 빈 공간은 개미의 은신처로 기능하며, 식물은 개미의 배설물 등 유기물 부산물을 양분으로 삼는다.[188] 또한 이 뿌리줄기는 마치 나뭇가지처럼 여러 갈래로 분기하며 확장되어 거대한 군생과 같은 형태로 성장하는데, 이는 보다 많

은 개미가 서식할 수 있는 공간을 제공하여 개미 유인에 유리하게 작용한다.[189]

반면, 리들리아이는 뿌리에서 자구를 형성하지 않는 박쥐란으로, 인근에 포자가 발아하지 않는 한 단독 개체로 생존하게 되는 경우가 많다. 내부 공간이 상대적으로 협소한 리들리아이는 개미고사리에 비해 개미를 유인하거나 유지하는 데 다소 불리한 구조를 지닌 것으로 보이며, 이로 인해 개미고사리 인근에 착생한 개체는 이미 개미고사리와 공생 중인 개미와 동일한 서식지를 공유함으로써 개미에 의한 양분 수급이 원활해지고, 생존률 또한 높아지는 경향을 보인다. 이러한 맥락에서 두 종이 함께 관찰되는 사례가 나타나며, 이는 제한된 서식 환경 속에서 생존 가능성을 높이기 위한 간접적인 공생 방식으로 해석될 수 있다.

형태와 구조

리들리아이는 코로나리움과 비슷한 길이와 굵기를 가진, 평균 8개 정도의 털로 이루어진 성상모를 가지고 있다. 성상모는 적갈색을 띠며, 특히 신엽이나 생장점 주변에서는 밀도가 높아 표면이 뚜렷한 적갈색을 띤다. 그러나 성장이 완료된 잎에서는 성상모 대부분이 탈락하거나 밀도가 낮아져, 겉보기에는 성상모가 거의 없는 것처럼 보이기도 한다. 이로 인해 잎 표면은 매끈하고 진한 녹색을 띠며, 광택은 유광과 무광의 중간 정도로 미세한 윤기가 감도는 수준이다.

앞서 언급한 바와 같이, 리들리아이의 영양엽은 둥근 공 모양을 이루며, 독특한 구조의 잎맥을 형성한다. 이 잎맥은 생장점을 중심으로 사방으로 방사되며, 위로 돌출되어 영양엽 전체에 울퉁불퉁한 굴곡을 만들어낸다. 이러한 굴곡 구조는 개미가 생장점 주변의 개방된 공간을 통해 내부로 출입하기 쉽게 도와주는 동시에, 강풍이 불 때 바람을 굴곡 사이로 분산시켜 저항을 줄이고, 많은 비가 내릴 경우에는 빗물이 굴곡을 따라 빠르게 흘러내려 생장점 내부로 물이 침투하는 것을 최소화하는 역할을 한다. 이처럼 굴곡은 리들리아이의 생존에 있어 핵심적인 기능을 수행하며, 자생지의 열대 기후 조건에서 생존력을 높이는 구조적 보완 요소로 작용한다.

리들리아이의 생식엽은 '사슴뿔'을 연상시키는 독특한 외형으로 잘 알려져 있으며, 다른 박쥐란 종에 비해 뛰어난 직립성을 갖추고 있어 빛을 향해 곧게 뻗는 특성이 있다. 끝이 둥글고 분기 수가 많아 시각적 인상이 강하며, 분기 구조는 처음 두 갈래로 갈라진 뒤 각 방향으로 두 갈래씩 짧은 길이로 약 6회에 걸쳐 반복적으로 갈라지는 이분법적 구조를 따른다. 이러한 형태적 특성 덕분에 리들리아이는 많은 박쥐란 애호가들 사이에서 높은 관상 가치를 인정받고 있다.

포자와 번식

리들리아이는 코로나리움과 마찬가지로 생식엽 첫 번째 분기 인근에 별도로 생성되는 포자엽에 포자낭군을 형성하는 독특한 구조를 지닌다. 리들리아이의 포자엽은 스푼이나 국자를 엎어놓은 듯한 형태를 띠고 있으며, 포자낭이 생성되는 잎의 반대쪽 표면은 포자낭이 생성되기 직전까지는 매끄럽고 생식엽의 색상보다 연한 색상을 띠고 있다. 이 포자엽은 생식엽이 완전히 전개되어 단단히 굳어진 이후에도 즉시 포자낭을 형성하지 않으며, 잎이 경화된 후 약 2~3주가 지나면서 점차 포자낭이 생성되기 시작한다. 포자낭은 성숙 전에는 짙은 흑갈색을 띠며, 내부의 포자가 완전히 성숙하면 점차 밝은 갈색으로 변화하는 특징이 있다.

또한 코로나리움과 마찬가지로, 리들리아이의 포자낭에는 길고 섬세한 털이 발달되어 있다. 이러한 털은 외부 충격이나 습도 변화로부터 포자낭의 내구성을 높여 포자를 보호하며, 포자낭이 개방될 때 포자가 공기 중으로 보다 원활히 확산되도록 돕는 역할을 한다. 이와 같은 특성은 리들리아이가 착생 위치나 기후 조건이 까다로운 환경에서도 보다 안정적으로 번식할 수 있도록 진화해 온 결과로 해석된다.

리들리아이의 포자낭 내 포자 개수는 8개로, 코로나리움과 동일하다. 이 두 종을 제외한 대부분의 박쥐란 원종은 일반적으로 포자낭당 64개의 포자를 가진다. 단순히 포자 수만 비교하면 리들리아이는 번식 전략에서 다른 박쥐란보다 열세인 것처럼 보일 수 있다. 그러나 실제 인공 포자 번식을 진행해보면, 적절한 온도와 습도가 확보될 경우 리들리아이는 가장 높은 수준의 발아율을 보인다. 더불어 포자 수가 적은 만큼 발아한 전엽체 사이의 공간적 간격이 충분히 확보되어, 다른 종들에 비해 빠른 초기 생장을 나타내는 경향이 있다.

이처럼 리들리아이는 제한된 수의 포자를 통해 개체 간 경쟁을 최소화하고, 넓은 환경 허용 범위 안에서 높은 발아율과 빠른 초기 생장을 이끌어내는 번식 전략을 취한다. 이는 단순한 수적 증식보다 개체의 생존 효율을 우선시하는, 독자적이고도 특화된 생존 방식으로 해석될 수 있다.

Platycerium stemaria 스테마리아

학명 *Platycerium stemaria* (P.Beauv.) Desv.
출처 Mém. Soc. Linn. Paris 6(3): 213 (1827)
명명자 니케즈 데보(Nicaise A. Desvaux, 1784~1856)
원명자 팔리조 드 보부아(Palisot de Beauvois, 1752~1820)
UPOV 미등록
IPNI 분류 *Platycerium stemaria* (Beauv.) Desv.

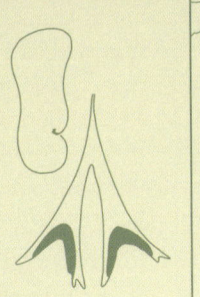
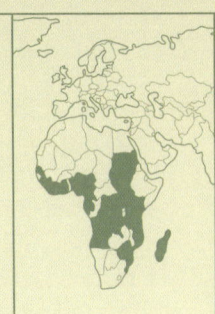

잎이 자라면서 성상모의 밀도는 점차 낮아지고,
표면은 완전히 매트하지 않으며,
은은한 윤기가 도는 질감을 나타낸다.

PLATYCERIUM

분류의 역사

스테마리아는 프랑스의 식물학자 팔리조 드 보부아Palisot de Beauvois가 1786년부터 1788년 사이 서아프리카 오와레 지역에서 수행한 식물 채집 활동 중 수집된 박쥐란으로, 1804년 저서 《오와레 및 베닌의 식물상Flore d'Oware et de Bénin》 제1권에서 외형적 특징과 함께 삽화를 게재하며, 아크로스티쿰속 스테마리아 Acrostichum stemaria로 정식 분류하였다.[190] 이후 1827년, 니케즈 데보에 의해 박쥐란속으로 재분류되어 현재의 정식 학명인 박쥐란속 스테마리아Platycerium stemaria[191]로 확립되었다.[192]

팔리조 드 보부아는 프랑스 혁명 전후의 격동기를 배경으로 북아메리카, 아프리카, 카리브해 지역을 횡단하며 식물학적 활동을 이어간 인물로, 과학자이자 동시에 18세기 말 프랑스 식민지 확장과 무역에 협조하는 정치적 역할을 수행하였다. 그는 초기 오와레 탐사에서 프랑스 해군 장교 장프랑수아 랑돌프Jean-François Landolphe의 노예무역 항해에 동행하며 식생과 풍속을 조사하고, 수백 종의 식물과 곤충 표본을 채집하였다.[193]

그러나 그의 연구 활동은 표본의 잦은 유실과 분실로 인해 지속적인 제약을 받았다. 특히 1791년 생도맹그지금의 아이티에서 발생한 노예 봉기 당시, 팔리조 드 보부아는 이 지역에 거주하며 표본을 정리하고 식물 분류 원고를 집필 중이었

어원	στέμμα (화관, 그리스어)
탈락 · 변형	στέμμα → 라틴어화 stemma → '-a' 탈락 → stemm-
파생 접미사	'-ari-' (형용사 파생 접미사)
어미	'-a' (형용사 어미, 여성 주격 단수, 1변화)
결합	stemm- + -ari + -a → stemmaria → stemaria로 발표 (본문 참고)
의미	'화관 같은'

종소명의 기원

다. 생도맹그는 당시 프랑스 식민지 중 경제적 가치가 가장 높은 지역으로, 설탕과 커피를 대량으로 재배하는 농장이 집중되어 있었으며, 이곳의 생산물은 프랑스 전체 해외무역 수익의 절반에 이를 만큼 큰 비중을 차지했다.[194] 이와 같은 경제 구조는 노예노동에 전적으로 의존하고 있었으며, 노예 봉기 전야의 생도맹그는 극심한 계급 갈등과 식민 지배 체제의 긴장 속에 놓여 있었다.

팔리조 드 보부아는 본래 아프리카 탐사 종료 후 프랑스로 귀국할 계획이었으나, 식민지 내 프랑스인 관리들과 교류하며 식민 정권의 과학적·행정적 사업에 협조하던 중 봉기를 맞게 되었다. 당시 프랑스 정부는 생도맹그의 정세 악화를 심각하게 받아들이고, 식민지 문제를 조율하기 위해 그를 미국에 외교 특사로 파견하였다. 그는 일시적으로 필라델피아에 체류한 뒤 귀국하였으나, 그 사이 생도맹그에서는 노예 해방을 요구하는 대규모 무장 봉기가 본격화되었고, 그로 인해 식민지 내 프랑스계 주민들은 자산과 문서를 포함한 대부분의 개인 소유품을 상실하거나 유실하게 되었다.

팔리조 드 보부아 역시 자신의 식물 표본과 원고 대부분을 보관하고 있던 생도맹그의 거처를 잃게 되었으며, 이로 인해 수년간의 아프리카·카리브해 탐사에서 축적한 연구자료가 대부분 소실되었다. 이는 그의 학문 활동에 치명적인 손실이었으며, 이후 미국으로 재차 망명한 그는 필라델피아에서 서커스 악단의 바이올린 연주자로 생계를 유지하며 극심한 경제적 곤란을 겪었다.

그가 다시 과학계로 복귀하게 된 것은 찰스 필Charles W. Peale이 운영하던 박물관에서 표본 정리 업무를 맡게 되면서부터였다. 이 박물관은 미국 독립 이후 자연사와 미술, 공공 교육을 결합한 새로운 형태의 과학적 공간으로, 팔리조 드 보부아는 이곳에서 유럽식 식물 분류법에 기반한 체계적 정리를 수행하며 자신의 전문성을 다시금 입증하였다.[195] 이와 같은 경위는 18세기 말 프랑스 식민지 지배 체제의 혼란 속에서 노예제를 옹호한 팔리조 드 보부아의 정지석 입장이 그의 생애와 과학 활동의 경로를 결정짓는 요인으로 작용했음을 시사한다.

한편, 그보다 앞선 시기인 아프리카 탐사 과정에서 수집된 오와레 지역의 식물 표본들은 비교적 이른 시점에 그의 식물학 스승이자 프랑스의 대표적 식물학자인 앙투안 드 주시외Antoine L. de Jussieu에게 전달되었고, 이는 훗날 팔리조 드 보부아가 《오와레 및 베닌의 식물상》을 집필할 수 있는 실질적 기반이 되었다. 이 과정에서 두 학자 간에는 더욱 긴밀한 학문적 교류가 형성되었으며, 앙투안 드 주시외는 해당 저서의 서문을 직접 집필하기도 하였다.

그는 서문에서 팔리조 드 보부아가 채집한 박쥐란을 아크로스티쿰속 스템마리아Acrostichum stemmaria로 표기하였으며, 이 식물은 이미 1760년대 마다가스카르에서 프랑스의 식물학자 필리베르 코메르송Philibert Commerson에 의해 발견되어 '스템마리아stemmaria'라는 이름으로 불렸음을 언급하였다.

'스템마리아'는 고대 그리스어 '스템마화관, στέμμα'에서 유래한 것으로, 필리베르 코메르송이 발견한 식물의 외형을 비유하여 붙여진 이름이다. 후대에 이르러 밝혀진 사실이지만 당시 필리베르 코메르송이 채집한 박쥐란은 팔리조 드 보부아가 채집했던 박쥐란과 다른 알시콘으로 판명되면서 이러한 앙투안 드 주시외의 분류적 서술은 스테마리아의 정명 지위에 대한 문제를 야기하였다.

한편, 팔리조 드 보부아는 서문에서 앙투안 드 주시외가 '스템마리아'로 기술하였음에도 불구하고, 본문에서는 명확한 사유 없이 이를 '스테마리아stemaria'로 표기하였다. 이는 단순한 인쇄상의 오류인지, 혹은 초고 작성 과정에서의 오탈자에 기인한 것인지 명확히 밝혀지지 않았으며, 당대에도 이에 대한 별도의 정정이나 해명은 제시되지 않았다. 그러나 이로 인해 해당 명칭은 또 다른 이명 문제를 야기하였고, 이후 학계에서는 표기 통일과 정명의 지위를 둘러싼 분류학적 논의가 이어지게 되었다.

또한 그는 1705년《아말테움 식물학》을 통해 박쥐란을 처음 소개한 레너드 플루케넷의 뉴로플라티세로스 에디오피쿠스와 자신의 스테마리아를 비교하며, 삽화의 묘사를 세부적으로 분석한 뒤 아크로스티쿰속 스테마리아와는 다른 종으로 판단한다고 서술하였다.[196] 당시 학계에서는 뉴로플라티세로스 에디오피쿠스를 마다가스카르 집단 지금의 알시콘 으로 간주하고, 필리베르 코메르송의 스템마리아 역시 그와 같은 박쥐란을 기록한 것이라는 견해가 점차 확산되고 있었다. 그러나 팔리조 드 보부아는 자신이 필리베르 코메르송의 스템마리아를 기준으로 아크로스티쿰속 스테마리아를 분류한 사실이 곧 뉴로플라티세로스 에디오피쿠스를 동일한 종으로 인정하는 행위가 아님을 분명히 하고자 하였다. 그는 자신이 분류한 박쥐란이 뉴로플라티세로스 에디오피쿠스와 다르다는 점을 강조함으로써, 필리베르 코메르송의 스템마리아 또한 뉴로플라티세로스 에디오피쿠스와 동일하지 않음을 드러내려 했던 것이다.

이후 1845년, 프랑스의 식물학자 앙투안 페는 저서《양치식물에 관한 연구 Mémoires sur la famille des fougères》에서 새로운 견해를 제시하였다. 그는 필리베르 코메르송이 마다가스카르에서 발견한 박쥐란이 레너드 플루케넷의 뉴로플라티세로스 에디오피쿠스와 동일하며, 오늘날의 알시콘에 해당한다고 주장하였다. 나아가 팔리조 드 보부아의 아크로스티쿰속 스테마리아 역시 뉴로플라티세로스 에디오피쿠스와 연결되므로, 서로 다른 표본이 하나의 이름 아래 혼재되어 있다는 점에서 그 분류의 불안정성을 지적하였다. 이에 따라 앙투안 페는 니케즈 데보가 이를 근거로 설정한 박쥐란속 자체의 타당성에도 의문을 제기하였고, 결국 박쥐란속을 자신의 뉴로플라티세로스속으로 대체해야 한다는 입장을 간접적으로 드러냈다.[197]

이러한 스테마리아의 불안정한 분류 문제는 근대에 이르기까지 이어졌고, 20세기에 들어 새로운 국면을 맞게 되었다. 1960년대 국제양치식물분류학회 International Association of Plant Taxonomists, IAPT 위원으로 활동했던 남아프리카의 식물학자 테드 셸프Ted Schelpe는 필리베르 코메르송이 원래 사용한 '스템마리아'라는 어원을 존중하여 학명을 수정해야 한다고 주장하였다. 그는 해당 명칭이 고대 그리스어로 화환을 뜻하는 '스템마'에서 유래하였으며, 이에 따라 '스테마리아'는 어원적으로 부적절하다고 지적하였다.

그러나 1970년 미국의 식물학자 콘라드 모턴은 이 주장에 반박하였다. 그는 단지 어원상의 이유만으로는 원 학명의 철자를 수정해서는 안 된다고 밝히며, 스테마리아라는 이름이 이미 원예계에서 널리 통용되고 있다는 점을 강조하였다. 또한 원래의 철자가 단순한 오탈자가 아닌 이상, 어원상의 불완전함만으로 정정이 정당화될 수 없다고 주장하면서, "잘못 형성된 이름이라 하더라도 수용되어야 하는 경우가 많다"고 언급하며 기존 명칭의 유지를 권고하였다.[198]

이후 1972년 바버라 호시자키는 어원적 문제보다 근본적인 분류상의 쟁점을 다루며, 스테마리아를 박쥐란속의 독립된 원종으로 확립하였다. 그녀는 필리베르 코메르송의 스템마리아가 정식으로 출판되지 않은 원고상의 이름에 불과하다는 점을 분명히 하였다. 따라서 설령 그것이 마다가스카르 집단, 즉 오늘날의 알시콘을 가리킨다 하더라도 국제식물명명규약상 유효한 학명으로 인정될 수 없으며, 팔리조 드 보부아의 아크로스티쿰속 스테마리아와는 명명법적으로 충돌하지 않는다고 설명하였다.[199]

이러한 논리를 통해 바버라 호시자키는 팔리조 드 보부아의 스테마리아가 필리베르 코메르송의 미발표 원고와 무관하게 독립된 종으로 존속할 수 있음을 강조하였다. 이는 스테마리아의 분류학적 무결성을 옹호하는 주장이었으며, 비록 다른 맥락의 접근이었지만 결과적으로 콘라드 모턴의 입장을 자연스럽게 뒷받침하는 근거가 되었다. 이어 바버라 호시자키는 1977년 발표한 글에서 스테마리아의 어원적 문제를 다시 언급하며, 이번에는 콘라드 모턴의 견해를 직접 지지하였다.[200] 이로써 스테마리아를 둘러싼 기나긴 논쟁은 사실상 종결되었으며, '스테마리아'라는 학명은 오늘날까지 정명으로 안정적으로 인정되고 있다.

생태와 서식환경

스테마리아는 아프리카 대륙 서부에서 동부에 이르기까지 폭넓은 지역에 자생하는 박쥐란으로, 가나, 가봉, 기니, 기니만, 나이지리아, 라이베리아, 마다가스카르, 모잠비크, 베냉, 수단, 시에라리온, 세네갈, 세이셸, 앙골라, 우간다, 자이르, 적도기니, 짐바브웨, 카메룬, 코모로, 코트디부아르, 콩고, 케냐, 탄자니아 등 아프리카 중서부 및 동부 지역 전역에서 폭넓게 분포한다. 해발 0~1,000미터 사이의 초원지대나 저지대 숲 가장자리, 혹은 키 큰 나무의 줄기와 가지에 착생하여 서식하며, 강한 직사광선보다는 간접광이 드는 밝은 그늘 환경에서 더 크게 성장하는 경향을 보인다. 실제로는 45미터가 넘는 나무 꼭대기 부근, 그늘 아래에 착생한 대형 개체가 관찰된 바 있다.[201]

스테마리아가 서식하는 지역은 전반적으로 아열대 및 열대 기후에 해당하며, 그중에서도 우기와 건기가 뚜렷하게 교차하는 열대 사바나 기후대에서 더 넓게 분포하는 특징을 보인다. 자생지는 연중 고온이 지속되나, 건기에는 대기 중 습도가 급격히 낮아지는 시기가 반복되며, 이러한 불규칙한 수분 공급 조건은 스테마리아의 생리적 특성과 맞물려 생육에 중요한 영향을 미친다. 스테마리아는 잎이 얇고 수분 저장 능력이 낮아 다른 박쥐란 종에 비해 수분 요구량이 많은 편이며, 자생지에서도 가뭄이 길어질 경우 영양엽이 급격히 시들어 탈색되거나 위축되는 모습이 종종 관찰된다. 반면, 습도가 안정적으로 유지되는 재배 환경에서는 녹색의 싱싱한 영양엽을 오랫동안 유지할 수 있으며, 일반적인 박쥐란과 유사한 수준의 생육 상태를 보여준다. 이러한 생리적 특성과 기후 조건을 종합해보면, 스테마리아가 주로 나무 꼭대기 부근의 그늘진 부위에서 발견되는 것은 증산이 상대적으로 억제되는 환경적 요인과 밀접한 관련이 있는 것으로 추정된다.

스테마리아는 뿌리에서 자구를 형성하는 종으로, 다수의 자구를 짧은 주기로 생성하여 빠르게 군생을 확장하는 다자구 군생형에 속한다. 일반적으로 자구가 사방으로 중첩되며 바구니형 군생을 이루지만, 일부 군생에서는 고리형 군생의 양상이 관찰되기도 한다. 형태적으로 고리형 군생을 이루는 엘리펀토티스나 쿼드리디코토뮴과 유사하나, 이 종들에 비해 훨씬 많은 수의 자구를 짧은 주기로 형성하기 때문에 시간이 지남에 따라 자구가 겹겹이 쌓이며 착생 대상을 크게 둘러싸는 넓은 형태의 바구니형 군생으로 발달한다.

스테마리아는 동일 서식지 내에서 엘리펀토티스와 함께 착생하는 사례가 자주 관찰된다. 특히 키 큰 나무에서는 상단부에 스테마리아가, 그 아래 중·하단부에는 엘리펀토티스가 자리잡는 뚜렷한 수직 분포 양상을 보인다. 이는 두 종이 광량, 습도, 증산률과 같은 환경 요인에 따라 공간을 분할 점유하며 공존하는 대표적인 사례로 해석된다.[202]

한편 스테마리아는 환경 스트레스에 다소 민감하여, 과도한 농약이나 비료에 노출되면 생식엽 끝이 검게 타들어가는 증상이 나타나기도 한다. 이는 조직 내 염류 농도의 불균형이나 화학적 자극에 따른 생리적 반응으로, 특히 생식엽 조직이 얇고 섬세한 스테마리아의 특성상 농약이나 비료를 시비할 때에는 저농도의 처리가 요구된다.

형태와 구조

스테마리아는 홀투미아이와 비슷한 길이와 굵기를 가진, 평균 9개 정도의 털로 이루어진 성상모를 가지고 있다. 어린 잎은 성상모로 빽빽하게 덮여 올라오지만, 잎이 자라면서 성상모 밀도는 점차 낮아지고, 표면은 완전히 매트하지는 않으면서도 윤기가 살짝 비쳐지는 정도의 질감으로 변화한다. 이는 생장 초기에는 보호 기능이 강조되다가, 잎이 충분히 전개된 이후에는 표피 노출이 증가하는, 전형적인 양치식물의 털 밀도 변화 양상과도 일치한다.

스테마리아의 영양엽은 좌우 한 쌍이 V자 형태로 벌어지며, 생장점을 중심으로 하단부는 착생 대상을 감싸고, 상단부는 분기 없이 위로 직립한다. 상단부는 말단으로 갈수록 물결 모양의 가벼운 굴곡이 생기며, 양옆으로 넓게 퍼지는 부채꼴 형태를 이룬다. 어린 개체에서는 좌우 영양엽 사이 간격이 벌어져 있는 경우가 많지만, 개체가 성숙할수록 이 간격은 점차 좁아지며 밀집된 형태로 변화한다.

스테마리아의 생식엽은 환경 조건에 따라 크기와 구조가 달라진다. 빛이 충분한 조건에서는 영양엽보다 짧게 자라기도 하지만, 빛이 부족한 환경에서는 영양엽 길이의 두 배 이상으로 웃자라는 경우도 관찰된다. 분기 구조는 처음 두 갈래로 갈라져 각 방향으로 길쭉하게 자란 뒤, 두 갈래씩 갈라지는 이분법 구조의 분기가 1~2회 정도 이어진다. 첫 번째 분기는 일반적으로 영양엽 하단 인근에서 시작되며, 첫 번째와 두 번째 분기 사이의 간격이 가장 길고 이후부터는 점차 짧아진다.

빛이 부족한 환경에서 자란 개체의 생식엽은 가장자리에 물결 모양의 굴곡이 부분적으로 형성되기도 하며, 정상적인 이분법적 분기 대신 불규칙하게 갈라지는 경우가 있다. 이러한 구조는 광량 부족으로 인한 생장 왜곡이나 조직 내부의 수분 불균형에서 비롯된 것으로 추정된다.

포자와 번식

스테마리아의 포자낭군은 생식엽 뒷면, 두 번째 분기 안쪽에서 말단까지 형성되며, 생식엽 가장자리 일부는 포자낭군이 형성되지 않은 상태로 남는다. 즉, 포자낭군은 생식엽 하단부에 균일하게 분포하지 않고 분기 중심의 안쪽 방향에 집중되는 경향을 보인다. 이는 쿼드리디코토뮴이 생식엽 중간부에 포자낭군을 형성하는 것과는 구조적으로 뚜렷이 구별되는 특징이다.

포자낭군은 초기에는 잎의 배경색과 유사한 빛깔을 띠다가 성숙이 진행됨에 따라 황갈색에서 짙은 갈색으로 변하며, 풍부한 광량 하에서는 적갈색을 나타내기도 한다. 이러한 변색은 포자 성숙 과정에서 색소 발현이나 조직 산화에 따른 반응으로 해석된다. 어린 개체나 극도로 부족한 광량 조건에서는 포자낭군이 잘 발달하지 않지만, 성숙한 개체가 일정 수준 이상의 광량을 확보할 경우 안정적으로 발달한다. 다만 스테마리아는 생리적으로 광 요구도가 낮은 편에 속하므로, 일반적인 박쥐란 종보다 상대적으로 낮은 광량 조건에서도 포자낭군이 비교적 원활히 형성되는 특징을 보인다.

Platycerium luarentii 로렌티아이

로렌티아이는 스테마리아의 변이종으로, '로렌티' '라우렌티' 등으로도 불린다. 일반 스테마리아에 비해 전반적으로 크기가 크고, 성상모의 밀도가 낮아 표면 질감이 더욱 매끈하게 느껴지며, 잎의 색상은 보다 짙은 청록색을 띠는 것으로 알려져 있다. 주로 콩고 지역 일대에 자생하는 것으로 보고된다.

로렌티아이는 일반 스테마리아에 비해 전반적으로 크기가 크고 짙은 청록색을 띤다.

PLATYCERIUM

자생지의 넓은 분포로 인해 자연 상태에서는 비교적 많은 개체가 관찰되시만, 포자의 자연 발아율은 낮고, 인공 파종 시에도 발아 이후 포자체로의 전환률이 낮아 초기 생육이 불안정한 경향을 보인다. 특히 스테마리아는 고온다습한 환경을 선호하면서도 과습과 건조에 모두 민감하여, 통풍이 원활하지 않은 환경에서는 어린 개체가 쉽게 부패하거나 고사한다. 반면, 뿌리에서 형성되는 자구는 생장력과 생존력이 매우 뛰어나 주요 번식 수단으로 기능하며, 실제로 재배 및 유통되는 개체의 대부분은 이러한 자구 번식을 통해 확보된다.

스테마리아의 변이종, 로렌티아이

1905년, 벨기에의 식물학자 에밀 드 윌드만Émile De Wildeman은 스테마리아의 변이형 가운데 별도의 종으로 분리될 필요가 있다고 판단한 개체를 그의 저서 《에밀 로랑 탐사Mission Émile Lauren, 1903~1904》에서 소개하였다. 이 책은 동시대 벨기에 식물학계의 거장으로 평가받는 에밀 로랑Émile Laurent의 콩고 탐사 업적을 기리기 위해 에밀 드 윌드만이 집필한 저작으로, 1903년부터 1904년까지 2년에 걸친 그의 콩고 탐사 여정을 에밀 로랑의 연구 결과와 교차 서술하는 방식으로 구성되어 있다. 에밀 로랑은 1904년 갑작스러운 사망으로 생을 마감하였고, 에밀 드 윌드만은 그를 추모하며 이 책을 1905년에 출간하였다.

이 저서에 등장하는 박쥐란 중 하나가 바로 에밀 로랑의 이름을 따 명명된 박쥐란속 로렌티아이Platycerium laurentii이다. 에밀 드 윌드만은 생전 에밀 로랑을 깊이 존경하였으며, 그의 영어식 인명 '로렌트Laurent'에 라틴어 남성 소유격 어미 '-ii'를 붙여 '로렌티아이laurentii'라는 종소명을 부여하였다. 정식 표기상으로는 스테마리아의 변이종으로 분류되어, 박쥐란속 스테마리아 변이종 로렌티아이 *Platycerium stemaria var. laurentii*[203]로 기재되었다.[204]

로렌티아이는 '로렌티' '라우렌티' 등으로도 불리며, 일반 스테마리아에 비해 전반적으로 크기가 크고, 성상모의 밀도가 낮아 표면 질감이 더욱 매끈하게 느껴지며, 잎의 색상은 보다 짙은 청록색을 띠는 것으로 알려져 있다.[205] 주로 콩고 지역 일대에 자생하는 것으로 보고되며, 생식엽의 분기 깊이가 일반 스테마리아보다 깊고 길다는 의견도 있으나, 이는 개체의 생장 환경에 따른 표현형 차이로 해석된다.

Platycerium superbum 슈퍼붐

학명 *Platycerium superbum* de Jonch. & Hennipman
출처 Brit. Fern Gaz. 10: 114, f.4,5 (1970)
명명자 헤라르두스 용체레(Gerardus J. Joncheere, 1909~1989)
　　　　엘버트 헤니프만(Elbert Hennipman, 1937~2014)
UPOV 등록
IPNI 분류 *Platycerium superbum* de Jonch. & Hennipman

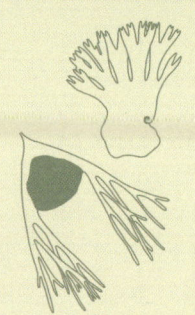

생식엽당 1개의 포자낭군을 형성

분류의 역사

슈퍼붐의 분류학적 역사는 앞서 그란데에서 설명한 바와 같다. 1970년, 헤라르두스 용체레와 엘버트 헤니프만은 그동안 그란데로 분류되어왔던 호주 자생종에 장엄하다는 의미의 '슈퍼붐superbum'이란 종소명을 부여하고 이 종을 박쥐란속 슈퍼붐 *Platycerium superbum*으로 분류하였다.[206]

이 발표는 130여 년간 지속되어 온 그란데에 대한 통합적 분류 인식을 정면으로 뒤집는 획기적인 제안이었으며, 그 여파로 학계뿐 아니라 일반 원예계에서도 크고 작은 혼란이 뒤따랐다. 당시 슈퍼붐은 네덜란드와 미국을 중심으로 이미 대량 재배되어 전 세계로 유통되고 있었다. 명칭은 바뀌었지만, 네덜란드에서는 여전히 '그란데'라는 이름이 관행적으로 사용되었고, 새로운 학명은 농가에서 크게 받아들여지지 않았다. 반면, 재배가 비교적 늦게 시작된 미국에서는 캘리포니아를 중심으로 조직배양된 개체들이 '슈퍼붐' 또는 그 하위 품종명으로 유통되기 시작하였다.[207]

이처럼 하나의 종이 국가나 유통 경로에 따라 서로 다른 이름으로 거래되면서, 슈퍼붐과 그란데 간의 혼동은 일반 소비자뿐 아니라 일부 전문가들 사이에서도 꾸준히 이어졌다. 이러한 혼란은 명명 규약이 규정하는 학술적 명명 체계와 실제 유통 현장에서 관행적으로 사용된 이름 사이의 괴리에서 비롯된 것으로, 그 결과 슈퍼붐이 오랫동안 '그란데'라는 이름으로 잘못 유통되는 배경이 되었다.

어원	superbus (장엄한, 라틴어)
탈락 · 변형	superbus → '-us' 탈락 → superb-
어미	'-um' (형용사 어미, 중성 주격 단수, 2변화)
결합	superb- + -um
의미	'장엄한' '뛰어난'

종소명의 기원

생태와 서식환경

슈퍼붐은 호주 뉴사우스웨일스와 퀸즐랜드에 자생하는 박쥐란으로, 브리즈번강과 헤이스팅스강 유역을 중심으로 분포하며, 그란데와 마찬가지로 야생에서 3미터 이상 자라는 초대형 종으로 분류된다. 일반적으로는 나무에 착생하여 자라는데, 거대한 영양엽 내부에는 작은 동물이 몸을 숨기거나 먹이를 저장할 수 있는 넓은 공간이 형성된다. 이 공간은 호주 특유의 유대류나 소형 포유류가 은신처로 삼기도 하며, 이들 동물이 남긴 배설물과 먹이 찌꺼기 같은 유기물은 시간이 흐르며 퇴비화되어 슈퍼붐의 중요한 양분 공급원이 된다.[208]

슈퍼붐은 간혹 바위 틈이나 협곡 내부의 암석에도 착생하는데, 이러한 지형은 빛이 부족하고 양분도 거의 없는 열악한 환경이다. 그러나 이러한 장소는 다양한 동물의 은신처가 되며, 슈퍼붐의 구조적 특성과 맞물려 오히려 영양엽 내부에 유기물이 축적되기 좋은 조건이 마련된다.[209] 이러한 환경에서는 빛이 다소 부족하더라도 유기물 기반의 양분을 흡수하고, 바위에 맺힌 이슬이나 외부와의 온도 차로 형성된 수분을 흡수하면서 안정적으로 생장할 수 있게 된다. 이처럼 다양한 환경에 적응하며 생장을 지속할 수 있는 강인한 생명력은 슈퍼붐이 대량 생산이 가능한 재배 품종으로 자리매김하는 데 중요한 기반이 되었다.

형태와 구조

슈퍼붐은 평균 10개 정도의 짧고 가는 털로 이루어진 성상모를 가지고 있다. 이 성상모는 흡착력은 다소 약한 편이지만 밀도가 매우 높아 육안으로도 뚜렷하게 관찰되며, 잎 표면은 마치 솜털로 덮인 듯한 부드러운 질감을 띤다.

　슈퍼붐의 영양엽은 생장점을 기준으로 하단부는 착생 대상을 감싸고 상단부는 사방으로 퍼지며 직립한다. 영양엽 하단에서 상단 2/3 지점에 이르면 여러 갈래로 갈라지며, 각 방향으로 두 갈래씩 갈라지는 이분법 구조의 분기가 2~3회 정도 이어진다. 잎맥은 그란데에 비해 다소 유연한 편으로, 그 결과 분기된 잎이 더 넓은 각도로 사방으로 퍼지며 영양엽 상단의 노출 면적이 그란데보다 훨씬 넓게 형성된다.

　슈퍼붐의 생식엽은 처음 넓은 면적으로 두 갈래로 갈라지며, 이 첫 번째 분기 사이에는 포자낭군이 자리하는 넓은 공간이 형성된다. 이후 각 방향으로 다시 두 갈래로 갈라지고, 이어서 동일한 이분법 구조의 분기가 2~3회 정도 더 반복된다. 이러한 분기 구조는 빛과 양분 공급이 원활한 성체에서 뚜렷하게 나타나지만, 환경 조건이 열악한 개체에서는 포자낭군 이후의 분기 형태가 불규칙하게 형성되는 경우가 많아 생식엽 전체 구조를 정확히 파악하기 어렵다.

포자와 번식

　슈퍼붐은 생식엽당 하나의 포자낭군을 형성하며, 이는 첫 번째 분기 사이에 위치한다. 이 포자낭군은 크기가 매우 크고 넓게 퍼져 있는 것이 특징으로, 생식엽 중심부를 차지할 만큼 뚜렷하다. 슈퍼붐과 자주 혼동되는 그란데는 생식엽당 두 개의 포자낭군을 형성한다는 점에서 분명히 구별된다.

　슈퍼붐은 그란데와 마찬가지로 뿌리자구를 형성하지 않고 주로 포자를 통해 번식한다. 드물게 측아가 발달하여 소규모 군생을 이루는 경우도 있으나, 이는 극히 예외적인 사례이다. 또한 비교적 높은 포자 발아율 덕분에 하나의 나무에 여러 개체가 산발적으로 함께 자라는 모습이 관찰되기도 한다.

Platycerium veitchii 베이치아이

학명 *Platycerium veitchii* (Underw.) C.Chr.
출처 Index Filic. 497 (1906)
명명자 칼 크리스텐슨(Carl Christensen, 1872~1942)
원명자 루시엔 언더우드(Lucien M. Underwood, 1853~1907) | UPOV 미등록
IPNI 분류 *Platycerium bifurcatum* subsp. *veitchii* (Underwood) Hennipman & M.C.Roos

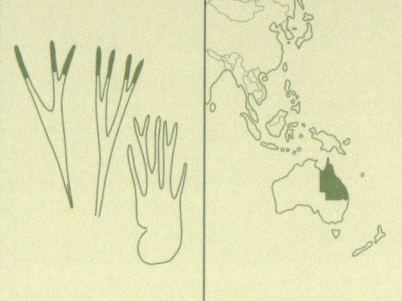

영양엽 상단은 가늘고 길게 분기해 수직으로 뻗으며, 잎의 표면적을 줄여 증산을 감소시키고 내부에 활착한 뿌리의 수분 보존을 돕는다.

PLATYCERIUM

분류의 역사

베이치아이는 1896년, 힐리아이 분류사에서 언급했던 영국 런던의 '제임스 베이치 앤드 선즈 종묘장'에 의해 호주 애들레이드Adelaide에서 도입되었으며, 같은 해 5월 19일, 런던 템플 가든에서 개최된 런던 왕립원예학회 공식 심사회에 '박쥐란속 베이치아이Platycerium veitchii'라는 이름으로 출품되었다. 독특한 잎 형태와 생육 특성은 심사위원단의 높은 평가를 받아, 정원 식물로서 우수성을 인정받는 '가든 메리트상Award of Garden Merit' 1급 인증서를 수상하며 대중에게 첫 선을 보였다.[210]

이때 사용된 '박쥐란속 베이치아이'라는 명칭은 국제식물명명규약에 따른 정식 학명이 아니라, 종묘장 측에서 자의적으로 부여한 유통명으로, 종묘장을 운영하던 해리 베이치Harry Veitch 혹은 그 소속 식물 큐레이터가 명명한 것으로 추정된다. 비록 이 명칭의 최초 사용자에 대한 직접적인 문헌 기록은 남아 있지 않지만, 당시 제임스 베이치 앤드 선즈 종묘장에서 도입한 신종 식물 일부에 자사 가문의 이름을 유통명으로 부여하던 관행, 그리고 1896년 전시회 공식 보고서에서 해당 이름이 사용된 정황을 고려할 때, '베이치아이'라는 이름은 이 시점에 이미 유통명으로 자리 잡고 있었던 것으로 보인다.

베이치아이는 단순한 원예 식물로서의 가치를 넘어, 19세기 후반부터 20세기

어원	가문명 Veitch (베이치 가문)
탈락·변형	Veitch → veitch-
어미	'-ii' (남성 소유격 단수 어미)
결합	veitch + -ii → veitchii
의미	'베이치 가문을 기리는' '베이치 가문에게 바치는'

종소명의 기원

초에 이르는 영국 원예 산업과 식물 분류학의 상호작용 속에서 탄생한 시대의 산물이었다.

이 배경에는 스코틀랜드 출신 원예가 존 베이치John Veitch가 1808년 영국 데본Devon에 설립한 베이치 종묘장Veitch Nurseries이 자리하고 있다. 1853년, 그의 아들 제임스 베이치 주니어James Veitch Jr.는 런던 첼시의 로열 이그조틱 종묘장 Royal Exotic Nurseries을 인수하며 런던 사업을 확장하였고, 이후 '베이치 앤드 선즈 종묘장Veitch & Sons Nurseries'이라는 명칭을 사용하였다. 1863년에는 경영 분리에 따라 런던의 '제임스 베이치 앤드 선즈'와 엑서터의 '로버트 베이치 앤드 선즈Messrs. Robert Veitch & Sons Nurseries'라는 두 개의 독립 종묘장으로 나뉘었다. 이 가운데 런던 지사는 제임스 베이치 주니어와 그의 아들 해리 베이치가 이끌며, 19세기 말 영국 최대의 상업 원예 기업으로 자리매김하였다.

제임스 베이치 앤드 선즈 종묘장은 단순한 식물 수집과 유통을 넘어, 전 세계 식물상을 유럽에 연결하는 중요한 매개체로 기능하였다. 1840년대부터 1910년대까지 이 종묘장은 20명이 넘는 식물 수집가들을 아시아, 아프리카, 아메리카 등지로 파견하였고, 이들이 수집한 수많은 식물은 큐 왕립식물원을 비롯한 학술기관들과 긴밀히 교류되었다. 특히 큐 왕립식물원의 원장이었던 윌리엄 후커와 그의 아들 조셉 후커는 제임스 베이치 앤드 선즈 종묘장과 협력하여 신종 식물의 분류와 명명에 관여하였으며, 큐 왕립식물원은 제임스 베이치 앤드 선즈 종묘장이 도입한 살아 있는 식물 표본을 연구 목적에 따라 수용하거나 학명 기재를 수행하는 등 민간과 공공의 지식 생산 네트워크를 형성하였다. 실제로 제임스 베이치 앤드 선즈 종묘장이 도입한 식물들 중 상당수는 큐 왕립식물원의 온실에 실생으로 보존되었고, 식물도감 및 분류목록에 정식으로 기재되며 학문적 가치를 획득하였다.[211]

베이치아이의 분류사 역시 이러한 학술 협력 관계 속에서 전개되었다. 1905년, 루시엔 언더우드는 같은 해 큐 왕립식물원 온실에서 생육 중이던 개체를 바탕으로 이 식물을 알시코르니움속에 속하는 새로운 종으로 판단하고, 알시코르니움속 베이치아이 *Alcicornium veitchii*[212]로 분류하였다.[213] 그는 해당 논문에서 이 종이 호주 애들레이드에서 도입된 개체임을 밝히면서도, 정확한 자생지는 불분명하다고 언급하였다.

이듬해인 1906년, 덴마크의 식물학자 칼 크리스텐슨Carl Christensen은 루시엔 언더우드의 분류를 재검토하였다. 그는 저서 《양치식물 목록 Index Filicum》에서, 루시엔 언더우드가 별도의 속으로 분리한 알시코르니움속이 박쥐란속의 정의 범주에 포함될 수 있음을 지적하며, 이 종을 박쥐란속 베이치아이 *Platycerium veitchii*[214]로 수정 분류하였다.[215] 이 결정은 이후 학계에서 수용되어 오늘날에도 박쥐란속 베이치아이라는 학명이 널리 사용되고 있다. 그러나 1982년, 엘버트 헤니프만과 마르코 루스는 '비푸카텀 복합체'에 대한 분류 연구를 통해 베이치아이를 박쥐란속 비푸카텀의 아종 베이치아이 *Platycerium bifurcatum* subsp. *veitchii*[216]로 재분류하였고,[217] 현재는 이 분류가 학계에서 점차 인정되고 있는 추세이다.

생태와 서식환경

베이치아이는 호주 퀸즐랜드 북동부 해안 지역, 특히 그레이트 디바이딩 산맥Great Dividing Range 동쪽 비탈에 분포하는 호주 고유종이다. 이 지역은 열대 몬순 기후와 열대 사바나 기후가 혼재하며, 우기와 건기가 뚜렷하게 구분된다. 베이치아이는 이러한 기후 조건 속에서 햇볕이 풍부한 절벽 바위나 나무에 착생하며, 고온다습한 우기와 장기간의 건기에 모두 적응해왔다. 주요 착생 기질은 사암[33]과 현무암[34]이다. 사암은 다공성이 높아 통기성과 배수성이 우수하며, 현무암은 거친 표면과 다공질 구조로 뿌리의 고정과 수분 보존에 유리하다. 이러한 환경은 우기에는 과습을 막고, 건기에는 최소한의 수분을 제공하는 역할을 한다.[218]

 기후 조건이 유사한 환경에 서식하는 여타 박쥐란 종들과는 달리, 베이치아이는 생장기와 휴면기가 명확히 구분되지 않는다. 우기에는 생식엽과 자구의 형성이 활발하며, 건기에는 생리활동이 둔화되지만 생장은 지속된다. 다육식물에 비해 조직 내 수분 저장 능력은 낮지만, 박쥐란속 내에서는 상대적으로 수분 보존 능력이 뛰어나 건기에도 생장을 이어갈 수 있는 배경이 된다.

 베이치아이는 강한 빛에 적응하기 위한 외형적 특징을 발달시켰다. 영양엽 상단은 가늘고 길게 분기해 수직으로 뻗으며, 잎의 표면적을 줄여 증산을 감소시키고 내부에 활착한 뿌리의 수분 보존을 돕는다. 생식엽 또한 강한 광량에서 직립하는 경향을 보이며, 측면과 같이 일사에 직접 노출되기 쉬운 부위의 노출 면적을 줄여 수분 손실을 억제한다. 이러한 특성으로 베이치아이는 박쥐란 속에서 직립성이 가장 뛰어난 종으로 평가된다.

 베이치아이는 생장 방식에서도 척박한 기후에 대응한 전략을 보인다. 뿌리에서 형성된 자구는 빛이 들어오는 방향으로 확산하며 발달하고, 시간이 지나면 모체를 중심으로 대규모 군생을 이룬다. 군생을 이루는 각 개체의 생식엽은 수직으로 뻗어 서로 겹치며, 전체적으로 돔 형태의 그늘막을 형성한다. 이 구조는 내부의 영양엽과 노출된 뿌리를 복사열로부터 차단하고 수분 손실을 줄이며, 우기에는 빗물이 영양엽 내부로 스며드는 것을 막는 등 복합적인 보호 기능을 수행한다.

베이치아이의 구조적·생리적 특징은 관상적 가치로도 이어져 다양한 재배품종의 개발로 이어졌다. 성상모의 밀도, 영양엽의 분기 형태, 생식엽의 각도와 분기 구조 등은 재배자의 미적 선호 기준으로 작용하며, 이러한 특성은 특히 '베이치아이 와일드Veitchii wild'라 불리는 원종 개체군에서 뚜렷하게 나타난다. 다양한 재배품종이 존재하더라도 원종 베이치아이는 형태적 완성도와 관상적 가치에서 높게 평가되며, 원예적으로 중요한 위치를 차지한다.

형태와 구조

베이치아이는 평균 8개 정도의 길고 굵은 털로 이루어진 성상모를 지닌다. 이 성상모는 다른 박쥐란보다 크고 반사율이 높아 강한 빛을 효과적으로 차단하며, 동시에 수분 포집 능력이 뛰어나 건조 환경에 적응한 구조적 특징을 나타낸다. 성상모는 영양엽과 생식엽의 표면을 빽빽하게 덮어 은빛을 띠며, 이러한 특성으로 인해 자생지에서는 '은빛 사슴뿔고사리Silver staghorn fern'라 불린다.

베이치아이의 영양엽은 생장점을 중심으로 하단부가 착생 대상을 감싸며 퍼지고, 상단부는 수직으로 뻗어 여러 갈래로 분기한다. 상단 분기는 1회에서 많게는 5회까지 불규칙적으로 갈라지며, 형성된 각 분기는 가늘고 길게 뻗는다. 야생 개체에서는 이러한 분기 구조가 특히 잘 발달하며, 생식엽보다 더 가늘고 길게 갈라지는 특징을 보인다.

베이치아이의 생식엽은 처음부터 두 갈래 이상으로 갈라지는 것처럼 보이나, 분기 형태는 비푸카텀과 동일한 구조를 따른다. 이는 '비푸카텀 복합체'에 속하는 종들에서 공통적으로 나타나는 특징이며, 베이치아이 역시 그 계통적 연관성을 명확히 보여준다.

　베이치아이의 영양엽과 생식엽의 분기, 방향성, 직립성은 광 조건에 민감하게 반응한다. 광량이 풍부한 환경에서는 영양엽 분기가 얇고 길게 발달하며 분기 수가 증가한다. 생식엽은 상대적으로 짧아지면서 끝이 날카롭고 섬세하게 갈라지고, 분기 수 또한 많아진다. 반대로 광량이 부족하면 영양엽 분기는 짧고 두꺼워지며, 생식엽에서는 웃자람이 발생해 길게 늘어지고 아래로 처지는 경우가 많다. 이로 인해 영양엽 분기가 미숙한 어린 개체나 광 부족 상태에서 자란 개체는 전체적으로 비푸카텀과 유사한 외형을 보일 수 있다. 그러나 베이치아이는 상단 분기가 가늘고 섬세하게 여러 갈래로 갈라진 영양엽, 은빛 성상모로 덮인 생식엽, 비교적 얇은 굵기의 생식엽이라는 조합을 통해 비푸카텀과 구분된다. 이러한 특징은 재배 초기 개체의 식별에 중요한 단서가 된다.

　국내에 유통되는 다수의 보급형 베이치아이는 원종에서 유래한 변이 개체나 교잡을 통해 개발된 재배품종이다. 이들은 원종에 비해 영양엽의 분기가 굵고 짧으며, 생식엽의 직립성도 떨어지는 경향을 보인다. 특히 광 조건에 따른 외형 변화 폭이 원종보다 크게 나타나는데, 이는 다양한 환경에서 생존력을 높이는 방향으로 개량된 결과다. 이 과정에서 영양엽 분기의 발달이 억제되거나 생식엽의 웃자람이 과도하게 나타나는 생리적 반응이 두드러지며, 관상적 측면에서는 불리한 형질로 작용한다.

포자와 번식

　베이치아이가 성숙하게 되면 생식엽 끝에 포자낭군이 형성되는데, 성체의 경우 생식엽 뒷면 말단 첫 번째 분기 부근에서 잎 끝까지 포자낭군이 분포한다. 포자낭군 표면은 성상모로 빽빽하게 덮여 있으며, 포자가 성숙함에 따라 성상모가 점차 탈락한다. 포자가 방출될 시점에는 성상모의 상당수가 떨어져 포자낭의 표면이 드러난다. 형성 초기의 포자낭군은 잎 뒷면과 유사한 색을 띠지만, 성숙이 진행되면서 점차 갈색으로 짙어지며, 성상모가 덮여 있어 경험이 부족한 경우 육안으로 성숙 여부를 판별하기 어렵다. 재배 환경에서는 포자낭군 표면의 성상모 탈락 정도를 관찰함으로써 포자의 성숙 단계를 가늠하는 지표로 삼을 수 있다.

건조한 환경에 서식하는 대부분의 건생 양치류의 포자낭군은 빽빽한 성상모로 덮여 있는데, 이는 강한 일사와 건조한 공기에 노출된 포자낭의 과도한 수분 손실을 억제하고, 표면의 미세수분을 포획·흡수하는 기능을 수행하는 것으로 알려져 있다. 베이치아이 역시 이러한 기재를 따르며, 성상모 발달과 탈락 패턴은 건생 양치류의 전형적인 형태학적 적응 양상과 일치한다.

또한, 건생 양치류의 포자는 대체로 건조 환경에 대한 내성이 높아, 포자 방출 이후 장기간 건조 상태를 견디며 발아력을 유지할 수 있다. 이러한 특성은 고온, 강광, 장기 건기가 반복되는 서식지 환경에 적응한 결과로, 수분이 공급될 수 있는 조건이 형성될 때까지 발아를 지연시키는 일종의 휴면 전략으로 해석된다.[219] 베이치아이 역시 이러한 건생 양치류에 나타나는 보편적인 생리적 특성을 공유하는 것으로 추정된다.

Platycerium wallichii

왈리치아이

학명 *Platycerium wallichii* Hook.
출처 Gard. Chron. 1858: 765 (1858)
명명자 윌리엄 후커(William J. Hooker, 1785~1865)
UPOV 미등록
IPNI 분류 *Platycerium wallichii* Hook.

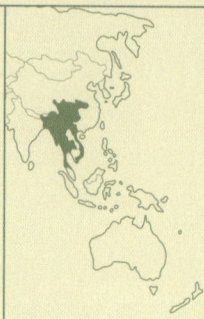

상단 생식엽

중단 생식엽

하단 생식엽

분류의 역사

왈리치아이는 1850년대 중후반, 영국의 베이치 앤드 선즈 종묘장 소속 식물 채집가 토마스 롭Thomas Lobb에 의해, 당시 영국령이었던 미얀마 몰메인Moulmein에서 수입되어 유럽에 처음 소개되었다.[220] 앞서 베이치아이의 분류사에서 언급하였듯, 빅토리아 시대 영국을 대표하는 상업 종묘장이었던 베이치 앤드 선즈 종묘장은, 데본 엑서터를 기반으로 하던 베이치 종묘장이 1853년 런던 첼시에 위치한 로열 이그조틱 종묘장을 인수하면서 현 사명으로 변경하였고, 엑서터 본사와 첼시 지사 체제로 운영되었다. 이들은 영국 동인도회사[35]와 식민지 무역망을 적극 활용하여 아시아, 오세아니아, 아프리카 전역에서 희귀 식물을 도입하였으며, 몰메인은 1852년 제2차 영국-버마 전쟁Second Anglo-Burmese War[36] 이후 영국령에 편입되면서 서구 탐험가와 상업 종묘원의 식물 채집 거점으로 기능하였다. 이 시기 베이치 앤드 선즈 종묘장은 토마스 롭을 비롯한 여러 식물 채집가를 몰메인에 파견하여, 인도차이나와 말레이시아, 자바를 거쳐 표본과 살아있는 식물을 채집하여 이를 런던으로 송부하였다.[221]

몰메인산 박쥐란은 유럽 도입 당시 기존에 알려져 있던 코로나리움의 이전 분류명인 비폼으로 인식되었고, 원예 시장에서도 같은 이름으로 유통되었다. 1828년 칼 블루메가 기술한 비폼은 오늘날 코로나리움과 동일한 종으로 간주되

어원	인명 Wallich (왈리치)
탈락 · 변형	Wallich → wallich
어미	'-ii' (남성 소유격 단수 어미)
결합	Wallich + -ii → Wallichii
의미	'왈리치를 기리는' '왈리치에게 바치는'

송소병의 기원

지만, 19세기 중반까지는 동남아시아산 대형 박쥐란을 포괄적으로 지칭하는 명칭으로 원예계에 널리 사용되고 있었다.

　1858년, 큐 왕립식물원의 초대 원장이었던 윌리엄 후커는 베이치 앤드 선즈 종묘장으로부터 이 몰메인산 표본을 입수해 면밀히 검토하였다. 그는 생식엽의 구조, 포자낭군의 위치와 배열, 잎의 분기 패턴 등에서 기존 비폼과의 뚜렷한 차이를 확인하였으며, 채집지가 자바·말레이시아가 아닌 버마 남부라는 지리적 특수성에도 주목하였다. 이러한 형질적·지리적 차이를 근거로 윌리엄 후커는 몰메인산 표본을 비폼에서 독립된 별도의 종으로 인정하고, 종소명을 '왈리치아이 wallichii'로 명명 후 박쥐란속 왈리치아이 Platycerium wallichii[222]로 정식 분류하였다.[223]

　이 명명의 배경에는 덴마크 출신 식물학자 너새니얼 왈리치 Nathaniel W. Wallich 의 업적이 자리한다. 그는 코펜하겐에서 태어나 의학과 자연사를 공부한 후, 1807년 덴마크령 인도 세람포르 Serampore 로 이주하였다. 나폴레옹 전쟁 중 영국군에 포로로 잡혔으나 곧 석방되어, 1814년 영국 동인도회사 캘커타 식물원의 부감독으로 임명되었고, 1815년부터 1846년까지 장기간 감독직을 맡았다. 이 기간 동안 그는 히말라야, 버마, 말레이시아, 싱가포르 등지에서 대규모 식물 채집을 주도하여 8,000종이 넘는 표본을 수집하였다. 이러한 표본들은 '왈리치 표본관 Wallich Herbarium'을 통해 체계적으로 정리되어 큐 왕립식물원과 영국 학계로 전달되었으며,[224] 19세기 아시아 식물 연구의 기반을 마련하였다.

　1822년, 그는 싱가포르 창건자로 유명하며 네덜란드령 동인도의 영국 총독[37]을 지낸 스탬포드 라플즈 Stamford Raffles 의 초청을 받아 싱가포르를 방문하였다. 초대 식물원의 설계와 식물 조사를 담당하던 이 시기에, 1823년 오늘날 코로나리움에 해당하는 박쥐란을 채집하였다. 이 표본은 훗날 그가 1828년에 간행한

《왈리치 카탈로그Wallich's catalogue》로 불리는 《영국 동인도회사 박물관 소장 식물 건조 표본의 번호 목록Numerical List of Dried Specimens of Plants in the Museum of the Honl. East India Company》에 아크로스티쿰속 푸시포르메_Acrostichum fuciforme_[225]라는 이름으로 기록되었다.[226]

《왈리치 카탈로그》는 수천 종의 식물 표본을 번호 목록 형식으로 체계화한 방대한 자료로, 당시 아시아 식물상의 학명·산지·보관 정보를 포괄적으로 수록하고 있어, 19세기 유럽 식물학계에서 아시아 식물 연구의 기초 문헌으로 활용되었다. 아크로스티쿰속 푸시포르메에 관한 기록 역시 이 목록에 포함되어 있었으며, 비록 오늘날 코로나리움과 동일종으로 간주되고 정식 학명으로 채택되지는 않았으나, 칼 블루메의 비폼보다 앞선 시기에 채집된 표본이라는 점에서 학술적 가치가 크다.

윌리엄 후커는 큐 왕립식물원 원장 재직 이전인 1830년대 초, 앨런 커닝햄의 아크로스티쿰속 그란데 발견사를 기록한 찰스 프레이저의 저술을 소개하는 과정에서, 너새니얼 왈리치가 남긴 푸시포르메 표본과 칼 블루메의 비폼을 동일한 박쥐란으로 정의한 바 있었다.[227] 이러한 판단은 윌리엄 후커가 너새니얼 왈리치의 분류 기록이 비폼보다 선행했다는 인식을 갖고 있었음을 시사한다.

윌리엄 후커가 1858년 몰메인산 박쥐란을 신종으로 확정하며 너새니얼 왈리치의 이름을 학명에 헌정한 결정은, 그가 양치식물 분류에 남긴 포괄적인 기여를 기리는 의미와 더불어, 왈리치아이의 표본이 되었던 비폼에 앞서 이를 실질적으로 기록·분류했던 너새니얼 왈리치의 학술적 공헌을 뒤늦게나마 복원·기념하려는 의도가 함께 반영된 것으로 해석할 수 있다.

이후 1859년, 왈리치아이는 베이치 앤드 선즈 종묘장을 통해 런던 왕립원예학회가 주관한 꽃 위원회 공식 심사회에 출품되어 평단으로부터 우수한 평가를

받았다.[228]

 이 전시는 19세기 영국 원예계에서 가장 권위 있는 심사 무대였으며, 뒤이어 1878년 힐리아이, 1896년 베이치아이 역시 베이치 가문의 종묘장을 통해 출품되어 주목할 만한 성과를 거두며 대중에 소개되었다. 이러한 성과의 배경에는 큐 왕립식물원의 학술 네트워크와 식물 식별·분류 역량이 자리하고 있었다. 큐 왕립식물원이 신종 여부를 확정하고 학명과 권위를 부여하면, 베이치 가문을 비롯한 종묘장들은 이를 토대로 해외에서 도입한 희귀 식물을 전시회에 출품해 높은 평가를 받았고, 동시에 원예 시장에서의 상업적 가치를 극대화할 수 있었다. 반대로 종묘장의 활발한 해외 채집과 전시 활동은 큐 왕립식물원에 풍부한 표본과 재배 자료를 제공하여 학술 연구의 기반을 넓히는 데 중요한 역할을 했다.

 이처럼 왈리치아이의 분류사는 19세기 영국이 식민지 개척, 학술 연구, 상업 활동을 긴밀히 연계하며 세계 각지의 식물을 분류·명명한 과정을 보여주는 전형적 사례이다. 이는 영국이 학문적·상업적 원예 강국으로 자리매김하는 데 기초가 되었으며, 식민지 식물학이 제국적 확장과 상업적 네트워크 속에서 성장했음을 시사한다.

생태와 서식환경

 왈리치아이는 미얀마, 방글라데시, 베트남, 인도 아삼Assam, 중국 남중부, 태국 등지의 강이나 호수 주변 숲에서 서식하는 동남아시아 및 인도차이나 지역 자생종이다. 주로 해발 0~750m 지역에서 발견되지만 드물게 1,500m 고도에서도 발견된 바 있으며, 최근 삼림 벌채와 수자원 개발로 자생지가 크게 줄어 중국에서는 희귀 및 멸종위기식물 정보시스템Information System of Chinese Rare and Endangered Plants, ISCRPF에 의해 국가 2급 보호야생식물로 지정되어 관리되고 있다.[229]

왈리치아이의 분포지는 열대 몬순 기후에 속하며, 연 강수량은 풍부하지만 계절적 편차가 크다. 수개월 동안 강우가 현저히 줄어드는 상대적 건기에는 영양엽과 생식엽이 시들고 안쪽으로 말리면서 휴면 상태로 전환되었다가, 우기가 도래하면 휴면에서 깨어나 새잎을 전개하며 생육을 재개한다. 이러한 뚜렷한 휴면 성향은 재배 환경에서도 그대로 나타나, 기온이 낮아지거나 수분 공급이 부족해지면 곧바로 휴면에 들어가 수개월 동안 성장 반응을 보이지 않는다.

이 때문에 왈리치아이의 생리적 특성을 충분히 이해하지 못한 재배자들 사이에서는 휴면기의 개체를 고사한 것으로 오인해 폐기하는 사례가 흔하다. 휴면 중에는 수분과 양분의 흡수가 사실상 차단되므로 부주의한 관수는 부패로 이어지기 쉽고, 반대로 휴면에서 깨어나는 시기에 적절히 수분을 공급하지 못하면 회복하지 못하고 고사하는 경우가 많다. 특히 휴면에서 막 깨어나는 초기의 발아 과정은 기존 영양엽 기부에 축적된 내부 자원만으로도 시작되므로 외부 수분 공급이 전혀 없는 상태에서도 신엽이 돌출될 수 있다.

그러나 새 잎이 전개되기 시작하면 저장 자원만으로는 부족하기 때문에, 이 시점부터는 외부 수분 공급이 반드시 동반되어야 정상적인 생장이 이어진다. 결국 휴면의 존재를 알고 있더라도 그 전환 시기와 관리 요령을 정확히 파악하기란 쉽지 않으며, 이로 인해 왈리치아이는 쿼드리디코토뮴과 함께 재배 난이도가 가장 높은 박쥐란으로 꼽힌다. 따라서 장기간 건강하게 재배하기 위해서는 생육 주기와 기후 적응 메커니즘에 대한 깊은 이해가 필수적이다.

왈리치아이는 다른 일부 박쥐란처럼 뿌리자구를 형성하여 군생으로 번식하지 않고 주로 단독 개체로 생활한다. 그러나 자연 상태에서는 한 나무에 여러 개체가 혼재하여 착생하는 경우가 빈번하며, 이는 포자 발아에 의해 각각 독립적으로 발생한 개체들이 동일한 착생 대상에 정착하기 때문이다. 특히 왈리치아이의 포자낭군은 생식엽의 두 구간에 분포하여 포자 생산성이 높고 발아 기회가 많아, 이러한 특성이 자연 상태에서 비교적 많은 개체가 한 나무에 함께 착생하는 양상으로 이어진다.

형태와 구조

왈리치아이는 성체가 될수록 알시콘처럼 성상모의 색상이 변하며, 처음 전개될 때는 짙은 갈색을 띠다가 잎이 점차 펼쳐짐에 따라 연한 갈색으로 변하는 양상을 보인다. 성상모는 평균 7개 내외의 굵고 긴 털로 이루어져 있으며, 그 밀도와 굵기에서 그란데와 홀투미아이와 유사한 특징을 나타낸다.

영양엽은 생장점을 중심으로 하단부는 착생 대상을 감싸고, 상단부는 직립하여 사방으로 퍼지듯 뻗는다. 전체 길이의 상단 약 3/4 지점에서 여러 갈래로 갈라지며, 각 방향으로 두 갈래씩 갈라지는 이분법 구조가 2~4회 정도 더 이어진다. 이러한 분기 구조 또한 그란데와 홀투미아이와 유사하지만, 분기의 깊이는 얕고 잎은 짧고 넓은 형태를 이룬다.

생식엽은 처음 세 갈래로 갈라지며 상단 · 중단 · 하단으로 나뉜다. 상단 분기는 두 갈래씩 갈라지는 이분법 구조가 1~2회 정도 이어지고 간결하게 마무리된다. 중단 분기는 두 갈래씩 갈라지는 분기가 1~3회 정도 반복되며, 하단 분기는 두 갈래씩 갈라지는 분기가 4~5회 정도 반복되어 가장 복잡한 구조를 이룬다.

빛을 충분히 받은 개체의 생식엽은 잎맥이 하얗게 도드라져 보이며, 세 갈래로 갈라진 전체 생식엽의 형태는 나비의 날개를 연상시켜 자생지에서는 '나비 박쥐란'이라 불리기도 한다.

박쥐란은 기본적으로 영양엽과 생식엽이 일정한 주기로 전개되지만, 드물게 두 형태의 특성이 뒤섞인 혼합형 잎_{학술적으로는 이형적 과도기엽, transitional heteromorphic leaf; 통상적으로는 '바보잎'으로 불린다}이 나타나기도 한다. 혼합형 잎은 예를 들어 영양엽처럼 좌우로 넓게 전개되면서도 동시에 생식엽의 분기가 일부 형성되거나, 생식엽의 분기 경계가 불분명해져 영양엽처럼 넓적한 잎이 발달하는 형태로 나타날 수 있다.

이러한 현상은 박쥐란이 지닌 발달적 불안정성 developmental instability[38]에서 비롯된 것으로 이해된다. 박쥐란의 영양엽과 생식엽 발달 경로는 엄밀히 분리된 것이 아니라 일정 부분 연속성을 띠고 있으며, 영양엽에서 생식엽으로, 혹은 그 반대 주기로 넘어가는 시기에는 외부 환경 요인에 민감하게 반응한다. 따라서 이 시기에 빛·수분·온도 등 환경적 불균형이 발생하면, 영양엽과 생식엽의 특성이 동시에 드러나는 혼합형 잎이 발생하기도 한다. 이는 곧 선택압 selection pressure이 약해진 결과로 해석된다. 선택압이란 특정 환경에서 생존과 번식에 유리한 형질은 유지되고, 불리한 형질은 제거되는 과정을 뜻한다.

자연 상태에서는 빛·수분·온도 등이 계절적 리듬에 따라 비교적 일정하게 변동하여 강한 선택압이 안정적으로 작용한다. 그 결과 잎의 주기가 바뀔 때에도 발달적 불안정성이 억제되어, 발달 주기가 뚜렷하게 나뉘고 형태 또한 명확하게 전개된다. 반면 재배 환경에서는 빛·수분·온도가 불규칙하게 변하거나 영양분 공급이 과하거나 부족해 선택압이 상대적으로 약해질 수밖에 없다. 이로 인해 잎의 주기가 전환되는 시기에는 발달적 불안정성이 드러나 혼합형 잎의 발생으로 이어질 수 있다.

   모든 박쥐란에서 혼합형 잎이 발생할 수 있으나, 왈리치아이의 경우 특히 재배 환경에서 그 현상이 두드러진다. 왈리치아이는 강한 휴면적 성향을 지니기 때문에, 재배 시에는 일정한 온도를 유지하거나 물을 말리지 않는 등의 환경 조성을 통해 휴면 진입을 방지하는 관리가 이루어진다. 그러나 이러한 관리가 휴면 방지와 함께 선택압의 약화를 초래하여 혼합형 잎의 발생을 촉진하는지에 대해서는 확인된 바 없다. 따라서 이 현상은 향후 학문적 검토와 실증적 연구를 통해 규명될 필요가 있다.

포자와 번식

   왈리치아이의 생식엽은 처음 세 갈래 분기 중 중단과 하단의 첫 번째 분기 사이에 그란데의 생식엽과 유사한 넓은 공간이 형성되며, 이 구간에는 반원형의 포자낭군이 좌우 생식엽당 2개씩, 총 4개가 분포한다. 이는 박쥐란속에서도 특이한 구조로, 포자를 효율적으로 대량 생산할 수 있어 번식에 뚜렷한 이점을 지닌다. 또한 상층과 하층으로 나뉘는 다층적 생식엽 구조는 포자의 비산을 더욱 유리하게 만들어 바람을 통한 확산 효율을 높이며, 상층엽이 그늘막이나 차광막의 기능을 하여 하부 포자낭군을 보호하기에도 적합한 구조로 작용한다.

   왈리치아이는 뿌리에서 자구를 형성하지 않고 단독 개체로 성장한다. 이러한 생장 방식은 개체 간 공간적 경쟁에서 비교적 자유로워, 개체가 오랜 기간 생존하며 거대하게 성장할 수 있게 한다. 다만 뿌리자구를 통한 증식이 불가능하기 때문에 번식은 전적으로 포자에 의존하며, 그 결과 외형적 구조와 생리적 특성이 포자 번식에 적합한 방향으로 발달하였다.

이러한 경향은 대형 및 초대형 박쥐란에서 공통적으로 나타나지만, 왈리치아이는 그중에서도 비교적 작은 체형을 유지한다. 이는 휴면적 특성과 연관되며, 대형화로 인한 증산량 증가와 수분 손실을 피하기 위한 전략으로 해석된다.

이와 같은 특성은 서식 환경과도 밀접히 연관된다. 왈리치아이처럼 우기가 존재하여 수분 공급이 주기적으로 원활한 기후대에 분포하는 종들은 대체로 포자 번식 중심의 전략을 발전시켰다. 반대로 건조하거나 척박한 환경에 적응한 박쥐란 종들은 포자 발아 성공률이 낮기 때문에 뿌리자구를 형성하여 군생을 이루는 방식으로 개체군을 확장하는 경향을 보인다.

Platycerium wandae

완대

학명 *Platycerium wandae* Racib.
출처 Bull. Int. Acad. Sci. Cracovie 58 (1902)
명명자 마리안 라시보르스키(Marian Raciborski, 1863~1917)
UPOV 미등록
IPNI 분류 *Platycerium wandae* Racib.

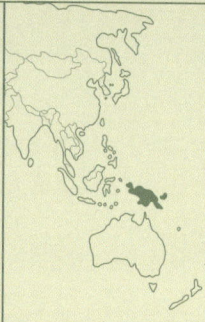

생장점 주변 분기다발

상단 생식엽

하단 생식엽

PLATYCERIUM

분류의 역사

완대는 1899년 당시 네덜란드령 동인도 식민지였던 서뉴기니 북서부 도레 Doreh 지역에서 유럽인 메이웨스Meywes에 의해 처음 수집되었다. 도레는 19세기 말 네덜란드 식민정부가 뉴기니 지역으로 지배를 확대해가던 전략적 접경지대로, 식민 당국이 해당 지역의 자원을 탐사·확보하는 전초 기지 역할을 하던 곳이다.

메이웨스가 수집한 박쥐란 표본은 살아 있는 상태로 자바섬 보고르 식물원 Buitenzorg Botanic Gardens 으로 이송되었는데, 보고르 식물원은 이 시기 자바와 수마트라, 말루쿠, 뉴기니 등 네덜란드령 동인도 전역의 식물 표본을 집결·연구하는 과학적 허브로 기능하였다. 이는 영국의 큐 왕립식물원이 영국 식민지 과학 활동의 중심적 역할을 수행한 것과 같은 성격을 지닌다.

보고르로 운송된 메이웨스의 표본은 장기간의 이동 과정에서 상태가 크게 악화되어 거의 죽은 상태로 도착하였고, 이후 표본의 부패가 진행되자 식물원 직원들은 남은 형태를 간략히 스케치하고 구조를 기록으로 남겼다. 이 박쥐란은 끝내 생존하지 못하고 고사하였으며, 이때 남겨진 스케치와 메모는 훗날 완대를 학술적으로 기재하는 핵심 근거가 되었다.[230] 한편 이 표본을 보낸 메이웨스라는 인물의 정확한 신원이나 직책은 현재까지 명확히 밝혀지지 않았으나, 식민지

어원	인명 Wanda (완다)
탈락·변형	Wanda → wanda → '-a' 탈락 → wand-
어미	'-ae' (여성 소유격 단수 어미)
결합	wand- + -ae → wandae
의미	완다를 기리는/에게 바치는

종소명의 기원

외곽 지역에서 박쥐란과 같은 희귀 표본을 수집해 보고르 식물원에 전달했다는 점, 그리고 그가 활동한 도레 지역이 당시 네덜란드령 동인도의 과학적·경제적 탐사가 활발히 이루어지던 접경지대였다는 사실에 비추어볼 때, 그는 보고르 식물원 또는 식민 행정 체계와 직·간접적으로 연계된 인물이었을 가능성이 높다.

1902년, 폴란드 출신 양치식물 학자 마리안 라시보르스키 Marian Raciborski는 보고르 식물원에 보관된 완대 표본의 스케치와 노트를 토대로 이 종을 신종으로 기재하고, 박쥐란 완대 *Platycerium wandae*[231]라는 학명을 부여하였다.[232]

마리안 라시보르스키는 19세기 말 활약한 폴란드의 식물학자로서, 자국에서 양치식물 연구로 두각을 나타내던 중 1896년, 당시 보고르 식물원의 원장이었던 네덜란드 식물학자 멜히오르 트로이브 Melchior Treub의 초청을 받아 자바로 이주하였고, 같은 해 12월부터 보고르 식물원에 양치식물 연구 보조원 자격으로 정식 부임하였다. 이후 자바 지역의 양치식물에 대한 본격적인 연구에 몰두하였으며, 이듬해인 1897년 3월에는 1883년 화산 대폭발로 생태계가 초기화된 크라카타우 섬을 탐사하여 양치식물의 재정착과 식생 변화 과정을 연구하였다. 한편 자바 중부의 실험농장에서는 사탕수수의 곰팡이 병해를 조사하고, 담배 실험지 등지에서는 식물병리학적 연구를 수행함으로써 열대 작물 병해에 대한 이해를 높이는 데에도 기여하였다.

그는 1897년부터 1900년에 걸쳐 네덜란드령 자바와 수마트라 전역을 탐사하며 수많은 양치식물을 채집하고 기록하였고, 이 과정에서 10여 종 이상의 신종을 포함한 방대한 식물 표본을 수집함으로써 19세기 말 네덜란드 식민지의 실용 식물학 체계 정립에 실질적인 기초자료를 제공하였다.[233]

마리안 라시보르스키가 신종으로 명명한 종소명 '완대 wandae'는 라틴어 여성 소유격 어미 –ae를 취하고 있다. 이는 해당 학명이 특정 여성 인물에게 헌정되었음을 시사하는 어형이다. 실제로 마리안 라시보르스키에게는 마리아 완다 라시보르스카Maria Wanda Raciborska, 폴란드어에서 성씨는 성별에 따라 변화한다. '-ski'는 남성형, '-ska'는 여성형으로, 형용사처럼 활용된다. 따라서 Marian Raciborski의 여동생은 Maria Wanda Raciborska로 표기된다라는 여동생이 있었는ㄴ데, 그녀는 1870년에 태어나 1896년, 26세라는 젊은 나이에 세상을 떠났다. 이는 마리안 라시보르스키가 자바에서 연구를 시작하던 시기와 겹치며, 그는 연구 도중 사랑하는 누이를 잃은 셈이다.[234]

학명을 구성할 때, 누군가에게 헌정하는 경우 해당 인명의 소유격 형태를 라틴어 문법에 따라 변형하게 되는데, 여성 이름의 경우 일반적으로 어미 -a를 -ae로 바꾸는 방식을 따른다. 따라서 여동생의 이름 '완다wanda'는 학명에서 '완대wandae'로 표기되며, 이는 '완다를 기리는'이라는 의미를 갖는다. 마리안 라시보르스키는 여동생의 사망 직후 몇 년 내에 귀국하여 완대의 학명을 발표하게 되는데, 이 시점을 고려하면 완대라는 이름에는 요절한 여동생 완다에게 헌정하고자 한 개인적이고 정서적인 의도가 담겨 있는 것으로 해석할 수 있다. 비록 본인이 해당 종명에 담긴 헌정의 의미를 공식적으로 언급한 기록은 없지만, 학명에 인물명을 포함시키는 학계의 관례, 종소명의 어형 구조, 그리고 명명자의 생애사적 배경을 종합할 때, 학명 완대는 실존 인물인 완다에게 헌정한 것으로 이해하는 것이 가장 합리적인 해석이다.

반면 일부 상업적 콘텐츠나 인터넷 자료에서는 완대의 학명이 '완다 폭포Wanda Falls'라는 지명에서 유래했다는 주장이 반복적으로 제기된다. 예를 들어 한 해외 원예 사이트에서는 '학명 완대는 파푸아뉴기니의 완다 폭포에서 유래한 이름'이라고 설명하기도 한다. 그러나 완다 폭포라는 지명은 실재하지 않으며, 마리안 라시보르스키의 논문이나 관련 학술 문헌 어디에도 이 종명이 지리적 명칭이나 폭포와 연관된다는 기록은 없다. 오히려 앞서 살핀 바와 같이, 문헌상의 정황과 식물명명규약을 고려할 때 이 종명은 여성 인명에서 비롯된 것으로 해석하는 것이 타당하다.

한편, 마리안 라시보르스키의 발표 이후에도 완대와 유사한 박쥐란을 독립된 종으로 분류하려는 시도는 이어졌다. 1908년, 네덜란드 식물학자 알더베렐트 반 로젠버그Alderwerelt van Rosenburgh는 보고르 식물원에서 완대로 재배되던 한 개체가 마리안 라시보르스키가 기술한 완대와 뚜렷한 형태적 차이를 보인다고 판단하여, 이를 신종으로 간주하고 별도의 종으로 분류하였다. 그는 이 박쥐란에 '빌헬미네–레지네wilhelminae-reginae'라는 종소명을 부여하고, 이를 박쥐란속 빌헬미네–레지네Platycerium wilhelminae-reginae[235]로 분류하였다.[236] 이 명칭은 그의 고국인 네덜란드 여왕 빌헬미나Wilhelmina에게 헌정한 것으로, 식물명명규약상 '빌헬미나 여왕에게 바치는'이라는 의미를 지닌다.

마리안 라시보르스키가 학명을 통해 요절한 누이의 이름을 기리고자 했다면, 알더베렐트 반 로젠버그는 당대 군주의 이름을 붙임으로써 식물 명명 행위에 정치적 상징성을 부여한 셈이다. 영국과 프랑스의 사례처럼, 네덜란드 또한 식민지 식물 분류학을 통해 왕실과 정치 권력의 위신을 드러내는 명명 관행을 공유하고 있었다. 이러한 관행은 제국주의 시기 과학자들이 학명을 통해 자신이 속한 정치 체제나 후원자에게 경의를 표하는 방식으로 이어졌으며, 빌헬미네–레지네라는 이름도 그 맥락에서 제안된 것으로 볼 수 있다.

그러나 알더베렐트 반 로젠버그의 이러한 이명적 분류는 한동안 완대의 학명을 둘러싼 혼선을 불러일으켰다. 동일한 종에 대해 완대와 빌헬미네–레지네라는 두 학명이 병존하면서, 이 종의 정체성을 둘러싼 논쟁은 약 60년 동안 지속되었다.

결국 1968년, 네덜란드의 식물학자 헤라르두스 용체레가 두 학명이 동일한 종을 가리킨다는 결론을 발표하며 완대를 둘러싼 논쟁에 중요한 전기를 마련하였다. 그는 논문 《박쥐란속 빌헬미네-레지네의 완대로의 통합Platycerium wilhelminae-reginae v.A.v.R. reduced to P. wandae Rac.》에서 기존 문헌과 표본을 면밀히 재검토한 결과, 두 종 사이에 본질적 구조 차이는 없다고 판단하였다. 마리안 라시보르스키의 원기재에 나타나는 일부 수치상의 차이는 열악한 표본 상태와 불완전한 관찰에서 비롯된 오류로 보았으며, 알더베렐트 반 로젠버그가 분류 근거로 삼은 특징들 또한 동일 개체의 변이에 불과할 가능성이 크다고 분석하였다. 그는 이러한 검토를 바탕으로 두 학명을 하나의 종으로 통합하는 것이 타당하며, 명명 우선권 원칙에 따라 먼저 발표된 완대를 정식 학명으로 사용해야 한다고 주장하였다.[237]

그러나 헤라르두스 용체레의 이러한 주장에도 불구하고, 완대 표본 간 형태적 차이를 둘러싼 논쟁은 계속되었다. 이후 1977년, 미국 식물학자 바버라 호시자키의 논문 발표로 이 논쟁은 사실상 종결되었다. 그녀는 《박쥐란의 현재와 미래 Staghorn Ferns Today and Tomorrow》에서 완대의 분류 과정을 재검토하며, 뉴기니산 표본에서 두 가지 형태가 관찰됨을 보고하였다. 하나는 생식엽이 길고 여러 차례 갈라지는 유형으로 알더베렐트 반 로젠버그의 묘사와 일치했으며, 다른 하나는 생식엽이 짧고 분기 수가 적은 유형으로 마리안 라시보르스키의 원기재와 부합한다고 기술하였다.

그녀는 이 두 형태를 동일 종 내에서 나타나는 자연 변이로 해석하였고, 유사한 변이가 필리핀산 코로나리움 등 다른 박쥐란에서도 발견된다고 서술하였다. 또한 바버라 호시자키는 헤라르두스 용체레의 해석과 달리, 마리안 라시보르스키가 기술한 특징이 완대의 변이 스펙트럼 안에 포함되는 표현형임을 명시하였다. 이어서 완대의 이형에 대한 추가 조사 필요성을 언급하는 한편, 기존 문헌들

이 대체로 종의 변이 범위를 적절히 포착하고 있음을 시사하였다.[238]

이후 1970년대 후반부터 박쥐란속 완대의 분류학적 지위는 학계와 원예계에서 널리 수용되었으며, 박쥐란속 빌헬미네-레지네는 완대의 동의어로 정리되었다. 이 과정에서 학명의 역사적 맥락과 학술적 가치도 함께 재평가되었다.

생태와 서식환경

완대는 초대형 박쥐란으로, 박쥐란속에서 가장 크다고 보고될 정도로 거대하게 성장한다. 그 장대한 외형과 과거 '빌헬미네-레지네'라는 학명의 유래로 인해 '박쥐란의 여왕'이라 불리고 있다. 완대는 인도네시아서뉴기니, 말루쿠와 파푸아뉴기니동뉴기니, 비스마르크 제도 등 뉴기니 섬 일대에 자생한다. 주로 저지대 열대우림가늘 주변의 코코넛 야자나 고무나무 상층부에 착생하며, 해발 0~1,000미터 범위에 걸쳐 자생지 전역에 넓게 분포한다. 이 지역은 대체로 고온다습한 열대 기후이지만 일부 구간은 우기와 건기가 교차하며, 이러한 환경에서도 완대는 휴면에 들어가지 않고 비교적 안정적으로 생육하는 것으로 보고된다.[239]

완대는 야생에서 3m 이상 자라는 개체가 보고될 정도로 거대하게 성장하며, 그 웅장한 외형은 오래전부터 식물 수집가들의 선망의 대상이었다. 그러나 무분별한 채집으로 인해 자생지 개체 수가 크게 줄어, 오늘날에는 자연 상태에서 완대를 관찰하기가 쉽지 않다.[240]

자생지에서는 빽빽한 숲의 그늘 아래에서도 거대하게 성장한 개체들이 종종 발견된다. 이는 완대가 다른 초대형 박쥐란에 비해 상대적으로 낮은 빛 환경에서도 일정한 성장을 유지할 수 있음을 보여준다. 재배 환경에서도 안정적인 수분과 양분 공급, 그리고 원활한 통풍이 확보된다면, 상대적으로 적은 빛에서노 크게 성장하는 데 뚜렷한 제약을 보이지 않는다. 다만 빛의 세기에 따라 생육 형태는 달라지는데, 강한 빛을 받은 개체는 생식엽이 짧고 단단하며 분기 구조가 뚜렷한 반면, 빛이 부족한 환경에서는 생식엽이 길게 늘어나고 분기 표현이 불명확해지는 경향을 보인다.

완대는 환경적 요인뿐만 아니라 지리적 조건에 따라서도 형태적 차이를 보인다. 바버라 호시자키는 서부 뉴기니 개체는 상대적으로 생식엽이 짧고 컴팩트한 반면, 동부 뉴기니 개체는 더 길고 늘씬한 형태를 띤다고 보고하였다.[241] 이는 서부 지역이 개활지가 많아 건기의 영향을 받는 몬순림 환경인 반면, 동부 지역은 습윤한 저지대 열대우림이 우세한 데 따른 결과로, 서로 다른 환경적 선택압이 작용한 사례로 해석된다.

완대는 일반적으로 단독으로 성장하며, 주변에서 군생을 이루는 경우는 드물다. 이는 뿌리자구가 형성되지 않고 측아 발생도 매우 제한적이기 때문이다. 번식은 주로 포자에 의존하지만, 자연 상태에서의 포자 발아율이 낮아 군생은 물론 좁은 반경에서 여러 개체가 함께 발견되는 경우도 드물다. 이런 이유로 야생 개체군의 세대 교체 속도는 느리지만, 완대는 개체 간 경쟁에서 자유로워 오랜 수명을 유지하며 거대하게 성장할 수 있다.

완대의 영양엽 구조는 다른 바구니형 박쥐란과 마찬가지로 상단에 노출된 공간을 형성하며, 거대한 만큼 그 폭 또한 넓게 발달한다. 이 공간에는 낙엽과 유기물이 쌓여 퇴적토가 형성되고, 다양한 생물이 서식할 수 있는 환경이 조성된다. 이렇게 만들어진 환경은 소형 동물의 서식처가 되며, 동시에 다른 착생식물의 발아 기반이 된다. 완대는 단순히 착생식물에 그치지 않고, 서식지 속에서 독립된 작은 생태계를 지탱하는 역할을 한다.

Platycerium wandae's sterile fronds 완대의 영양엽

완대의 생장점 주위에는 무수히 많은 분기다발이 형성되어 형태에 있어 뚜렷한 차이를 보인다. 완대의 생장점 인근에서 형성되는 분기다발은 단순히 외형적인 특징이 아니라 기능적 필요성과 연관되었을 가능성이 있다. 결과적으로 완대의 분기다발은 생장점 털의 부족한 기능을 대신하기 위해 형성된 보완적 구조로 해석할 수 있다.

생장점 주위에 무수히 많은 분기 다발이 있는 완대의 영양엽

생장점 주위에 미세한 분기 구조가 나타나지 않는 홀투미아이의 영양엽 _120p

형태와 구조

완대는 초대형 박쥐란 중 가장 길고 얇은 평균 9개 정도의 털로 이루어진 성상모를 가지고 있다. 성상모의 밀도는 그란데와 비슷하지만 흡착력이 강하여 빛의 반사율이 높다. 그 결과 완대는 다른 대형 박쥐란과 마찬가지로 표면이 매트하면서도, 동시에 은은한 반사광을 띠는 독특한 특징을 보인다.

완대의 영양엽은 생장점을 기준으로 하단부는 착생 대상을 감싸고, 상단부는 직립하며 사방으로 펼쳐지듯 뻗는다. 영양엽은 상단 약 2/3 지점에서 여러 방향으로 갈라지며, 각 방향으로 두 갈래씩 갈라지는 이분법 구조가 2~4회 정도 이어진다. 전체적인 형태는 다른 초대형 박쥐란과 비슷하지만, 완대의 생장점 주위에는 무수히 많은 분기다발이 형성되어 형태에 있어 뚜렷한 차이를 보인다.

다수의 박쥐란 종들은 생장점을 감싸는 털을 지니고 있으며, 이 털은 새 잎이 형성되는 동안 수분을 조절하고 어린 조직을 보호하는 역할을 한다. 따라서 대부분의 종에서는 새로운 잎이 전개될 때까지 털이 비교적 오랫동안 마르지 않고 건강한 상태를 유지한다.

그러나 완대의 생장점은 상대적으로 가늘고 긴 털로 덮여 있어 생성 후 수일 내에 쉽게 마르고 갈변하며, 그 기능이 빠르게 약화된다. 이러한 특성은 단일 개체가 장기간 하나의 생장점에 의존해야 하는 완대의 생존 방식에서 다른 종에 비해 경쟁이나 환경 적응에 불리하게 작용할 수 있다.

이러한 점을 고려하면, 완대의 생장점 인근에서 형성되는 분기다발은 단순히 외형적인 특징이 아니라 기능적 필요성과 연관되었을 가능성이 있다. 결과적으로 완대의 분기다발은 생장점 털의 부족한 기능을 대신하기 위해 형성된 보완적 구조로 해석할 수 있다.

완대의 생식엽은 홀투미아이의 생식엽처럼 최초의 두 갈래 분기를 기점으로 상·하단의 2단 구조를 이룬다. 상단 분기는 갈라짐 없이 큰 부채꼴 형태를 띠지만, 환경적 요인에 따라 좌우 끝에서 한두 갈래의 작은 갈라짐이 나타날 수 있다. 하단 분기는 가운데 넓은 부채꼴 공간을 두고 크게 두 갈래로 갈라지며, 각 방향에서 다시 두 갈래로 갈라지는 이분법 구조가 2~4회 정도 반복된다. 이러한 상·하단의 대비적 전개는 홀투미아이와 유사하지만, 전체적인 윤곽과 분기 양상에서 명확히 다른 차이를 보이며 두 종을 구별하는 근거가 된다.

포자와 번식

완대의 생식엽 상·하단의 넓은 부채꼴 공간에는 포자낭군이 형성되며, 하단부에서는 좌우 끝이 아래로 살짝 처지면서 큰 아치 형태를 이룬다. 이 구조를 따라 좌우 네 개의 대형 포자낭군이 배열되어 하단부를 감싸듯 둘러싸고 있어 언뜻 보면 그란데와 유사하다. 그러나 완대는 생식엽의 층간 구조를 형성하지 않는 그란데와 달리, 상·하단이 뚜렷하게 구분된 2단 구조를 보인다. 이러한 점은 홀투미아이와 닮아 있지만, 홀투미아이의 상단 분기는 추가로 이어지는 몇 차례의 분기가 각 방향으로 뻗어나가는 반면, 완대의 상단 분기는 추가 분기를 거의 형성하지 않고 커다란 부채 형태로 전개된다. 또한 완대의 생식엽은 홀투미아이보다 훨씬 넓적하고, 포자낭군의 크기도 더 크다는 점에서 차이를 보인다.

번식 생리적 측면에서도 특징이 뚜렷하다. 자연 상태에서는 포자 발아율이 낮아 개체군 확산이 제한되지만, 재배 환경에서는 상대적으로 높은 발아율을 보인다. 그럼에도 발아 후 전엽체가 포자체로 전환되는 과정이 느려 관리가 까다롭고, 유묘의 성장 또한 다른 박쥐란에 비해 더딘 편이다. 이로 인해 대량 번식이나 상업적 증식에는 뚜렷한 제약이 따르며, 그 결과 완대는 거대한 외형과 상징성에도 불구하고 실제 재배와 보급 면에서는 다른 종들보다 더디게 확산되는 경향을 보인다.

Platycerium willinckii 윌링키아이

학명 *Platycerium willinckii* T.Moore
출처 Gard. Chron. n.s., 3: 301, f. 56 (1875)
명명자 토마스 무어(Thomas Moore, 1821~1887)
UPOV 미등록
IPNI 분류 *Platycerium bifurcatum* subsp. *willinckii* (T.Moore) Hennipman & M.C.Roos

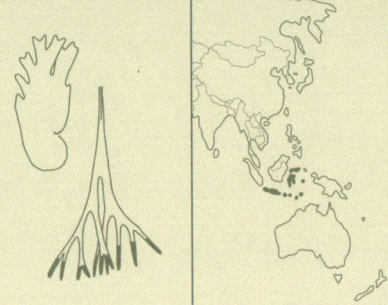

여러 갈래의 길고 좁은 분기를 형성하며
아래로 길게 떨어지는 생식엽

PLATYCERIUM

분류의 역사

1870년대 중반은 빅토리아 시대의 양치식물 열풍이 정점에 이르렀던 시기로, 아열대 및 열대 식물에 대한 수집과 연구 열기가 고조되던 시기였다. 이러한 흐름 속에서 자바 섬 원산의 박쥐란인 윌링키아이가 유럽 원예계에 소개되었다. 이 종은 네덜란드 사업가이자 원예가였던 윌링크J. A. Willinck, 문헌에는 약식 표기만 남아 있음에 의해 인도네시아 자바에서 수집되어, 1873년 벨기에 헨트Ghent에서 열린 국제 원예 박람회에 출품되었다. 당시 그는 이를 '자바산 박쥐란속의 신종 Platycerium nova species (Java)'으로 소개하였으며, 출품된 여러 양치식물과 석송류 가운데서도 이 박쥐란은 신종으로서 특별한 관심을 모았다.[242]

헨트 전시 직후, 윌링크가 선보인 표본은 곧 영국 런던 첼시의 제임스 베이치 앤드 선즈 종묘장에 도입되었다. 당시 제임스 베이치 앤드 선즈 종묘장은 세계 각지에 식물 채집망을 운영하며 신종 식물을 발빠르게 입수하고 원예화하는 데 주력하고 있었고, 유럽 각국 전시회에 출품된 식물 또한 적극적으로 도입하였다. 이 과정에서 자바산 박쥐란 역시 영국으로 옮겨와 재배되었고, 곧바로 신종 등록을 위해 첼시 약용식물원Chelsea Physic Garden의 큐레이터이자 원예 주간지 《가드너스 크로니클》의 편집자였던 토마스 무어에게 전달되었다.

토마스 무어는 이 박쥐란을 신종으로 판별하고, 최초 도입자인 윌링크의 공로

어원	인명 Willinck (윌링크)
탈락·변형	Willinck → willinck
어미	'-ii' (남성 소유격 단수 어미)
결합	Willinck + -ii → willinckii
의미	'윌링크를 기리는' '윌링크에게 바치는'

종소명의 기원

를 기려 그의 이름을 따 '윌링키아이willinckii'로 명명하였다. 그는 1875년 《가드너스 크로니클》 지면을 통해 세밀한 삽화와 함께 이 박쥐란의 유래와 상세한 특징을 기술하여, 박쥐란속 윌링키아이 *Platycerium willinckii*[243]로 공식 발표하였다.[244] 같은 해 6월, 제임스 베이치 앤드 선즈 종묘장은 이 신종을 런던 왕립원예학회가 주관한 제2차 여름 전시회 Second Summer Exhibition에 출품하여, 신품종의 우수성을 상징하는 공로증서 Certificate of Merit를 수여받았다.[245]

이러한 흐름은 앞서 힐리아이의 분류사에서 확인된 바와 같이, 제임스 베이치 앤드 선즈 종묘장이 19세기 후반에 보여준 전형적인 신종 원예화 방식이었다. 특히 이 시기에는 주로 토마스 무어를 매개로 신종 발표가 이루어졌다는 점에서, 과거 베이치 가문이 큐 왕립식물원을 통해 도입 식물의 학명을 부여받던 전통적 방식과는 뚜렷이 구별되는 양상을 보인다.

《가드너스 크로니클》은 매주 세계 각지의 신종 식물, 정원 문화, 전시 소식을 다루던 유럽의 대표적인 원예 전문지로, 당대에 높은 인기와 권위를 지녔다. 종묘장 입장에서 《가드너스 크로니클》은 신품종을 신속히 대중에게 각인시키고 동시에 학명 발표를 병행할 수 있는 최적의 홍보 매체였던 셈이다. 그 결과, 이 시기에는 국가 기관 소속 식물학자들이 학술 논문을 통해 신종을 발표하던 전통적 방식과 달리, 토마스 무어와 같은 원예 서적 편집자들에 의해 수많은 신종 식물이 발표되는 다소 이례적인 현상이 나타났다. 이는 19세기 후반에 들어 신종 발표가 순수한 학술적 목적에서 벗어나 상업적 효율성을 극대화하는 방향으로 전개되었음을 보여준다. 동시에, 신종 발표라는 학문적 명예가 국가 기관 중심의 제도적 권위에서 점차 시장 중심의 원예 네트워크로 이동하였음을 드러낸다.

현대 분류학에서는 앞서 기술한 비푸카텀 복합체의 다른 일원들과 마찬가지로, 윌링키아이 역시 박쥐란 원종에서 제외되어 박쥐란속 비푸카텀의 아종 윌링키아이*Platycerium bifurcatum subsp. willinckii*[246]로 분류되고 있다. 이러한 분류는 오늘날 큐 왕립식물원의 분류 데이터베이스Plants of the World Online를 비롯한 주요 데이터베이스에서도 채택되고 있으며, 이는 윌링키아이를 포함한 비푸카텀 복합체 구성원들이 종의 지위에서 종하위 분류로 인정되고 있음을 시사한다.

생태와 서식환경

월링키아이는 인도네시아소순다열도, 자바섬, 술라웨시에 자생하는 고유종으로, 최대 2,000미터 고도에서도 발견될 정도로 강한 생명력을 지닌다. 해안가부터 산악 지역까지 다양한 환경에 서식하며, 주로 나무에 착생하지만, 간혹 바위에 착생하기도 한다. 그러나 바위에 착생한 개체들은 환경적 불리함으로 인해 대부분 도태된다.[247]

월링키아이의 자생지는 동남아의 열대 계절림 지역에 위치하며, 고온다습한 기후에서 연중 지속적으로 생장한다. 이 지역은 건기와 우기가 교차하는 기후를 보이지만, 월링키아이는 뚜렷한 휴면기 없이 생장 속도를 조절하며 환경적 스트레스에 적응한다. 월링키아이의 형태는 환경적 선택압에 따라 폭 넓게 변형되며, 유전적 형질에 의한 변이와는 달리, 기후나 환경적 요인에 의해 형성된 다양한 표현형이 나타난다. 이 특성은 월링키아이의 중요한 특징으로, 같은 모체를 공유한 형제 개체라도 환경에 따라 형태가 크게 달라질 수 있음을 의미한다. 예를 들어, 빛, 온도, 습도, 기압에 따라 잎의 형태나 분기, 성상모의 발달 및 밀도에 변화가 나타난다. 이는 유전적 변이가 아닌 환경적 선택압에 의한 형태 변화로 이해해야 한다.

자연에서는 특히 건기와 우기의 교차로 인해 윌링키아이의 잎이 기후 조건에 따라 다양하게 변화한다. 건조한 시기나 고광도 환경에서는 생식엽과 영양엽이 두꺼워지고 견고한 형태로 변화된 잎이 자라난다. 이때, 잎의 분기가 많아지고 길이는 상대적으로 짧아지는 경향이 있다. 이는 수분을 축적하고 증산을 줄여 수분 손실을 최소화하려는 생리적 적응으로 해석된다. 반면, 우기에는 상대적으로 길고 얇은 잎이 자라며, 분기의 수가 적어지는 경향이 있다. 이는 수분 유지를 최소화하고 증산을 촉진하는 데 유리하며, 많은 양의 빗물을 효과적으로 흘려보내는 데 적합하다.

실내 재배 환경에서는 미세한 환경 변화에도 표현형의 차이가 더욱 뚜렷하게 나타난다. 환경적 선택압에 따라 하나의 잎이 나올 때마다 최적의 형태가 발현되며, 이러한 변화는 때때로 변이 수준에 버금가는 표현형 차이로 보일 수 있다. 이로 인해 많은 재배자들이 이를 유전적 변이로 착각할 수 있다. 따라서 윌링키아이를 재배할 때는 환경적 조건과 관리 기술에 따라 표현 형태가 달라질 수 있다는 점을 충분히 인식하고 유의해야 한다.

윌링키아이는 뿌리자구를 형성하여 군생을 이루는 대표적인 종으로, 비푸카텀처럼 다수의 자구를 형성 수 있으나, 자구는 생장 조건이 유리한 좌우 측면에서만 크게 성장하는 경향이 있다. 영양엽이 위로 치솟고 생식엽이 아래로 늘어지는 형태 때문에, 모체 바로 위나 아래에 형성된 자구들은 빛을 충분히 받지 못해 성장 속도가 느리거나 도태된다. 반면, 모체의 좌우 측면에 위치한 자구들은 풍부한 빛을 받아 빠르게 성장할 수 있다. 결국 시간이 지나면 모체의 좌우로 새로운 개체들이 확장 성장하게 된다.

이 방식으로 윌링키아이 군생은 착생 대상을 둘러싸는 고리형 군생을 형성하게 된다. 군생 내 개체들은 서로 인접하여 성장하며, 낙엽과 유기물을 함께 포획하고 공유함으로써 단독 개체보다 효율적으로 영양분을 확보할 수 있다. 다만, 자구 형성 주기가 비푸카텀보다 길어 군생이 지나치게 밀집되기보다는 완만한 밀도의 군생 형태로 유지된다. 이와 같은 군생 구조는 환경적 선택압에 의해 최적화된 결과로, 각 개체가 지속 가능한 방식으로 서로 영향을 미치며 성장하는 방식이다.

형태와 구조

월링키아이는 베이치아이와 비슷한 길이와 굵기를 가진 평균 9개의 털로 이루어진 성상모를 가지고 있으며, 높은 밀도의 성상모로 덮여 있어 전체적으로 연한 녹색을 띠고, 빛이 좋은 환경에서는 은빛의 색감을 자아내기도 한다.

영양엽은 생장점을 중심으로 하단부는 착생 대상을 감싸고, 상단부는 길게 직립하며, 영양엽 하단에서 상단 3/4 지점에서 여러 갈래로 갈라진다. 이후 각 방향으로 불규칙한 분기가 1~3회 정도 더 이어진다. 생식엽은 분기 패턴이나 회수를 특정할 수 없을 정도로 여러 갈래의 길고 좁은 분기를 형성하며 아래로 길게 떨어진다. 분기의 패턴은 복잡하지만 비푸카텀처럼 비대칭적으로 가지가 분화되는 형상을 이룬다. 이 복잡한 분기 패턴과 우아하게 아래로 떨어지는 생식엽의 전체적인 형태는 매우 조화로워, 월링키아이를 선호하는 박쥐란 애호가들 사이에서 이를 최고의 관상 포인트로 꼽는다.

월링키아이는 박쥐란 원종 중 가장 많은 품종을 탄생시킨 종으로 평가된다. 이는 다양한 표현형을 나타내는 월링키아이의 독특한 특성을 바탕으로 세대가 지속될수록 그 표현형의 다양성이 확대되었기 때문이다. 생물의 유전적 형질을 개량하여 새로운 품종을 만드는 과정을 육종이라고 한다. 육종 중 교배를 통해 양친의 유전적 형질을 결합하는 방법을 교배육종 또는 교잡육종cross breeding, hybridization breeding이라 하며, 이렇게 탄생한 품종을 교배종 또는 교잡종hybrid variety이라 한다.

월링키아이는 원종 자체뿐만 아니라 자연적으로 발생한 변이 품종variety 또한 매우 뛰어난 관상 가치를 지닌다. 이로 인해 월링키아이는 많은 박쥐란 육종가들에 의해 선별육종selection breeding[39]이나 교배육종을 통해 다양한 품종cultivar으로 세분화되었다.

월링키아이 교배종을 육종할 때 사용하는 나머지 교배친으로는 월링키아이를 포함한 비푸카텀, 힐리아이, 베이치아이 등 비푸카텀 복합체를 가장 많이 사용한다. 이는 비푸카텀 복합체의 아름다운 유전 형질을 결합하여 우수한 관상 가치를 지닌 새로운 품종을 만들기 위함도 있지만, 실제로 비푸카텀 복합체 간의 계통적 유사성 덕분에 이 종들을 이용한 교배육종이 가장 높은 성공률을 보이기 때문이다.

근대로부터 현대까지 월링키아이를 이용한 다양한 품종은 꾸준히 출시되고 있으며, 오늘날에는 재배 공간의 효율성을 위해 소형종이나 변이에 의한 왜성종의 수요가 늘어나고 있다. 특히, 월링키아이의 다양한 왜성 품종들이 개발되며 많은 박쥐란 애호가들 사이에서 꾸준한 인기를 얻고 있다.

포자와 번식

월링키아이가 성체가 되면 생식엽 끝에 포자낭군이 형성되며, 생식엽 뒷면 말단 첫 번째 분기 부근에서 잎 끝까지 분포한다. 대부분의 박쥐란과 마찬가지로 충분한 빛을 받고 자란 성체의 생식엽에서 포자낭군이 주로 형성되며, 빛이 부족한 환경에서는 포자낭군이 형성되지 않을 수 있다. 윌링키아이의 포자는 다른 동남아 자생 박쥐란과는 달리 오랜 포자 성숙 기간을 거친다. 개체가 충분히 성숙된 포자를 보유하더라도 건조한 기간에는 포자 방출을 억제하고, 환경이 습해지는 시기, 즉 우기가 도래하면 포자를 방출하여 번식하는 경향이 있다. 이는 충분한 비가 내릴 때 신속히 발아하여 새로운 개체로 성장하도록 진화한 생리적 특성으로 해석될 수 있다. 포자 발아율이 높은 편이며, 전엽체에서 포자체로의 전환율도 우수하다. 윌링키아이의 포자체는 생명력이 강해 환경이 좋을 경우, 자연에서도 많은 개체로 성장할 수 있다.

　이러한 안정적인 라이프 사이클 덕분에 윌링키아이의 재배는 관리가 용이하고 효율적이다. 또한, 재배 용이성 덕분에 신품종 개발에서 다른 박쥐란들보다 경제적이며, 선별육종을 할 때 다양한 샘플을 확보하는 측면에서 다른 종을 이용한 육종보다 경쟁 우위를 차지할 수 있다.

참고문헌

Albuquerque, S., Brummitt, R. K., & Figueiredo, E. (2009). "Typification of names based on the Angolan collections of Friedrich Welwitsch." *Taxon, 58*(2), 641–646.

Alderwerelt van Rosenburgh, C. R. W. K. van. (1908). "New or interesting Malayan ferns." *Bulletin de Département de l'agriculture aux Indes néerlandaises,* 18, 24–25.

Bailey, F. M. (1880). Letter to Ferdinand von Mueller, 15 March 1880.

Baker, J. G. (1876). "On a Collection of Ferns made by Mr. William Pool in the interior of Madagascar." *Botanical Journal of the Linnean Society, 15*(86), 411–422.

Baker, J. G. (1887). "Further contributions to the flora of Madagascar." *Journal of the Linnean Society of London, Botany, 22*(141), 411–454.

Baker, J. G. (1891). "A Summary of the new Ferns which have been discovered or described since 1874." *Annals of Botany, 5*(18), 181–222.

Bidin, A. A. (1985). Paku-pakis ubatan di Semenanjung Malaysia. Dewan Bahasa Dan Pustaka.

Bidin, A., & Jaman, R. (1987). "A New Species of Platycerium from Peninsular Malaysia." *The Gardens' Bulletin, Singapore, 39*, 149–151.

Blume, C. L., Fischer, J. B., Arckenhaugen, & Bik, J. T. (1828). Flora Javae nec non insularum adjacentium (Vol. 1, p. 44). Bruxelles: J. Frank.

Bonaparte, R. (1917). Notes ptéridologiques. Fascicule 4, 84.

Brink, J., Ham, R., & Erode, J. (1992). "Chloroplast Dna and Morphological variation in the Fern Genus Platycerium (Polypodiaceae: Pteridophyta)." *The Fern Gazette, 14*(3), 97–118.

Britannica. (n.d.). Henry Nicholas Ridley. In Encyclopedia Britannica. https://www.britannica.com/biography/Henry-Nicholas-Ridley

British Museum (Natural History)., Hiern, W. P., Rendle, A. B., Welwitsch, F. (1896). Catalogue of the African plants (Vol. 2 pt.2). 278.

Cameron, J. (2000). "William Ellis: Missionary, Photographer and Ethnographer." *Journal of* the Polynesian Society, *109*(1), 5 – 25.

Cavanilles, A. J. (1799). Botanica. *Anales de Historia Natural, 1,* 105.

Cherie, C. M., & Charissa, G. (2020). "New distribution record of the endemic and critically endangered Giant Staghorn Fern Platycerium grande (Fee) Kunze (Polypodiaceae) in central Mindanao." *Journal of Threatened Taxa, 12,* 16368–16372.

Christ, H. (1910). "Deux Especes de Platycerium desv." *Annales du Jardin botanique de Buitenzorg, Supplement 3,* 7–12.

Christensen, C. (1906). *Index Filicum.* 497.

Cribb, P., & Hermans, J. (2007). "The conservation of Madagascar's orchids. A model for an integrated conservation project." *Lankesteriana, 7,* 255–261.

Darnaedi, D., & Clayton, L. (2020). "The Nantu Platycerium grande (Polypodiaceae), a new generic record of Platycerium in Sulawesi, Indonesia." *Reinwardtia, 19*(2), 81–85.

De Joncheere, G. J. (1967). "Notes on Platycerium Desv. I. Nomenclature and Typification of the genus and species in Desvaux's original publication of 1827." *Blumea, 15*(2), 441–451.

De Joncheere, G. J. (1968). "Notes on Platycerium Desv. II. P. wilhelminae reginaev. A.v.R. reduced to P. wandae Rac." *Blumea, 16*(1), 109–114.

De Joncheere, G. J. (1974). "Nomenclatural notes on Platycerium (Filices)." *Blumea: Journal of Plant Taxonomy and Plant Geography, 22*(1), 53 – 55.

De Joncheere, G. J., & Hennipman, E. (1970). "Two new species of Platycerium & the identification of P. grande (Fée) Presl." *British Fern Gazette, 10*(3), 113 – 118.

De Kerchove de Denterghem, O., Burvenich, F., Pynaert, E., Rodigas, É., & Van Hulle, H. J. (1873). Fêtes florales de Gand: Neuvième exposition internationale d'horticulture, 30 mars – 6 avril 1873. Compte-rendu présenté au Cercle d'arboriculture de Belgique, 31 – 32. Gand: Imprimerie C. Annoot–Braeckman.

Desvaux, N. A. (1827). *Mémoires de La Société Linnéenne de Paris: Annales de La Societe Linneenne de Paris. 6*(3), 213.

Domin, K. (1915). "Beiträge zur Flora und Pflanzengeographie Australiens." *Bibliotheca botanica, Hft. 85,* 5–197.

Dorr, L. (2019). "Mary and William Pool and their (mostly her) Malagasy lichen and plant collections." *Archives of Natural History, 46*, 134–138.

Dowe, J. L. (2016). "Walter Hill: His involvement with palms (Arecaceae), and notes on his herbarium and the expeditions of 1862 and 1873." *Austrobaileya, 9*(4), 489–507.

Dubois, L. (2005). *Avengers of the New World: The story of the Haitian Revolution.* Harvard University Press.

Ellis, W. (1858). *Three Visits to Madagascar during the Years 1853–1854–1856.* London: John Murray.

Endersby, J. (2008). *Imperial Nature: Joseph Hooker and the Practices of Victorian Science.* University of Chicago Press.

Engler, A. (1892). *Syllabus der Vorlesungen über specielle und medicinisch-pharmaceutische Botanik.* Eine Uebersicht über das gesammte Pflanzensystem mit Berücksichtigung der Medicinal- und Nutzpflanzen.

Engler, A., & Prantl, K. (1887–1899). *Die Natürlichen Pflanzenfamilien nebst ihren Gattungen und wichtigeren Arten, insbesondere den Nutzpflanzen, unter Mitwirkung zahlreicher hervorragender Fachgelehrten begründet.*

Fée, A. L. A. (1844–1845). *Mémoires sur la famille des Fougères: Premier mémoire: Examen des bases adoptées dans la classification des Fougères, et en particulier de la nervation.* 103.

Fernandez, R., & Vail, R. (2003). *New Records for Platycerium andinum Baker in Peru. American Fern Journal, 93*(3), 160–163.

Franken, N. A. P., & Roos, M. C. (1982). "The First Record of Platycerium ridleyi in Sumatera." *American Fern Journal, 72*(1), 12–14.

Fraser, C. (1830). *Journal of a two months residence on the banks of the Rivers Brisbane and Logan, on the east coast of New Holland.*

Gardening Platyceriums. (2009). *PhilstarGLOBAL.* https://www.philstar.com/other-sections/gardening/2009/12/05/529099/platyceriums.

Gaudichaud, C. (1827). *Botanique. Voyage autour du monde: entrepris par ordre du roi ... Exécuté sur les corvettes de S. M. l'Uranie et la Physicienne, pendant les années 1817, 1818, 1819 et 1820,* 307.

Galloway, D. (2013). "Olof Swartz's contributions to lichenology, 1781–1811." *Archives of Natural History, 40*(1), 20–37.

Gay, H. (1993). "Rhizome structure and evolution in the ant-associated epiphytic fern Lecanopteris Reinw. (Polypodiaceae)." *Botanical Journal of the Linnean Society, 113*(2), 135–160.

GBIF. (2024). *Global Biodiversity Information Facility.* https://www.gbif.org/

GDWQ. (2022). *Guidelines for drinking-water quality.* World Health Organization. https://www.who.int/publications/i/item/9789240045064

Giribet, G. (2005). "TNT: Tree Analysis Using New Technology." *Systematic Biology, 54*(1), 176–178.

Golding, J. S. (2002). *Zimbabwe Plant Red Data List. Southern African Plant Red Data Lists, 14,* 168.

Grandidier, G. (1924). "Prince Roland Bonaparte." *Nature, 113*(2847), 755–755.

Griffin, J. F. (1961). "The Genus Platycerium." *Florida Nurserymen & Growers Association, 79,* 428–433.

Hamilton, A. W. (1922). "Some rhyming Sayings in Malay." *Journal of the Straits Branch of the Royal Asiatic Society, 86,* 393–395.

Haufler, C., Grammer, W., Hennipman, E., Ranker, T., Smith, A., & Schneider, H. (2003). "Systematics of the Ant-Fern Genus Lecanopteris (Polypodiaceae): Testing Phylogenetic Hypotheses with DNA Sequences." *Systematic Botany, 28,* 217–227.

Hennipman, E., & Roos, M. C. (1982). *A monograph of the fern genus Platycerium (Polypodiaceae).*

Hennipman, E., & Touw, A. (1966). "Report on the Thai-Dutch botanical expedition 1965/1966." *Natural History Bulletin of the Siam Society, 21,* 269–281.

Hevly, R. H. (1963). "Adaptations of Cheilanthoid Ferns to Desert Environments." *Journal of the Arizona Academy of Science, 2*(4), 164–175.

Hietz, P. (2010). "Fern adaptations to xeric environments." In Mehltreter, K., Walker, L. R., & Sharpe, J. M. (Eds.), *Fern Ecology* (pp. 140–176). Cambridge: *Cambridge University Press.*

Hill, W. (1874). "Report on the Brisbane Botanic Gardens for 1873." *Votes and Proceedings of the Queensland Legislative Assembly, 1–8.*

Holtum, J., & Winter, K. (1999). "Degrees of crassulacean acid metabolism in tropical epiphytic and lithophytic ferns." *Functional Plant Biology, 26, 749–757.*

Hooker, W. J. (1830). "Journal of a Two Months' Residence on the Banks of the Rivers Brisbane and Logan, on the East Coast of New Holland." *Botanical Miscellany, 1, 237.*

Hooker, W. J. (1858). *Gardeners Chronicle and Agricultural Gazette, 765.*

Hooker, W. J. (1860). *Grammatophyllum ellisii. Curtis's Botanical Magazine, 86,* plate 5179.

Hooker, W. J., & Baker, J. G. (1868). *Synopsis filicum; or, A synopsis of all known ferns, including the Osmundaceæ, Schizæsveæ, Marattiaceæ, and Ophioglossaceæ (chiefly derived from the Kew herbarium), 425.*

Hoshizaki, B. J. (1970). "The Rhizome scales of Platycerium." *American Fern Journal, 60,* 144–160.

Hoshizaki, B. J. (1972). "Morphology and Phylogeny of Platycerium Species." *Biotropica, 4*(2), 93–117.

Hoshizaki, B. J. (1975). *Fern Grower's Manual,* 1st ed. New York: Alfred A. Knopf.

Hoshizaki, B. J. (1977). "Staghorn ferns today and tomorrow." *The Gardens' Bulletin Singapore, 30,* 13–15.

Hoshizaki, B. J., & Moran, R. C. (2001). *Fern Grower's Manual,* 2nd ed. Timber Press.

Hoshizaki, B. J., & Price, M. G. (1990). "Platycerium Update." *American Fern Journal, 80*(2), 53–69.

Howard, R. A. (1994). "The role of botanists during World War II in the Pacific theatre." *The Botanical Review, 60*(2), 197–257.

Hughes, R. H. (1984). "Platycerium bifurcatum in the Wild and in cultivation by Ralph H. Hughes." *Fiddlehead Forum: Bulletin of the American Fern Society, 11*(4), 17–21.

InforMEA. (2017). *DENR Order No. 11 of 2017 (Updated National List of Threatened Plants and their Categories).* https://www.informea.org/en/legislation/denr-order-no-11-2017-

updated-national-list-threatened-plants-and-their-categories

IPNI. (2024). *International Plant Names Index.* http://www.ipni.org

Julie, F. B., Nemrod, E. D., Gil, S. M., William, G. G., & Diosdado, D. S. (2006). "The Ferns and Fern Allies of the Karst Forests of Bohol Island, Philippines." *American Fern Journal, 96*(1), 1-20.

Köhler, P., & Zemanek, A. (2018). "Marian Raciborski – założyciel Instytutu Botaniki UJ. W stulecie śmierci." *The Alma Mater.*

Kunze, G. (1850). "Index filicum (sensu latissimo) adhuc, quantum innotuit, in hortis Europaeis cultarum." *Linnaea, 23*(3), 274.

Lang, W. H. (1902). "On the Prothalli of Ophioglossum pendulum and Helminthostachys zeylanica." *Annals of Botany, os-16*(1), 23-56.

Lee, G. S. K. (2016). *Richard Eric Holttum. Singapore Infopedia,* National Library Board Singapore.

Linné, C. V. (1753). *Species plantarum: exhibentes plantas rite cognitas ad genera relatas, cum diferentiis specificis, nominibus trivialibus, synonymis selectis, locis natalibus, secundum systema sexuale digestas.*

Merrill, E. D. (1936). "Palisot de Beauvois as an overlooked American botanist." *Proceedings of the American Philosophical Society, 76*(6), 899-920.

Middleton, D. J., Leong-Škorničková, J., & Lindsay, S. (2019). *Flora of Singapore, Volume 1: Introduction – History of Taxonomic Research in Singapore* (p. 3). Singapore: National Parks Board.

Moore, T. (1875). *Platycerium wallichii. Gardeners Chronicle, n.s., 3,* 74-623.

Moore, T. (1878). *The Gardeners' Chronicle: A Weekly Illustrated Journal of Horticulture and Allied Subjects. Gardeners Chronicle, n.s., 10,* 429.

Morton, C. V. (1970). "A Further Note on the Type of Platycerium alcicorne." *American Fern Journal, 60*(1), 7-12.

Müller, O. F. (1785). "Auszug Eines Schreibens Müller." *Naturforscher (Halle), 21,* 107.

NARIS. (2024). *Korean Natural History Research Information System.* https://www.naris.go.kr/

Palisot de Beauvois, A. M. F. J. (1804). *Flore d'Oware et de Benin, en Afrique. Imprimerie de Fain jeune et compagnie, 1, 2.*

Palisot de Beauvois, A. M. F. J. (1814). *Réfutation d'un écrit intitulé: Résumé du témoignage de M. Palissot de Beauvois…* Paris: *Imprimerie de J. Smith.*

Prakash, R. O. (2016). "Wallich and his contribution to the Indian natural history." *Indian Journal of History of Science, 26,* 13–20.

Pemberton, R. (2003). "The Common Staghorn Fern, Platycerium bifurcatum, Naturalizes in Southern Florida." *American Fern Journal, 93*(4), 203–206.

Plukenet, L. (1705). *Amaltheum Botanicum,* 151.

Poisson, H. (1910). "Le genre Platycerium." *Revue Horticole. Année, 530.*

Praptosuwiryo, T. (2017). "Spore germination and early gametophyte development of Platycerium wandae (Polypodiaceae) from Papua, Indonesia." *Biodiversitas, 18,* 175–182.

Raciborski, M. M. (1902). "O kilku nieznanych paprociach archipelagu malajskiego." *Bulletin international de l'Academie des Sciences de Cracovie,* 54–65.

Rasmussen, H. N., & Rasmussen, F. N. (2018). "The epiphytic habitat on a living host: reflections on the orchid-tree relationship." *Botanical Journal of the Linnean Society, 186*(4), 456–472.

Regnard, L. N. (1941). "Stadtmann, Jean Frédéric." *Dictionnaire de Biographie Mauricienne, 21,* 652–653.

Ridley, H. N. (1908). "A List of the Ferns of the Malay Peninsula." *Journal of the Straits Branch of the Royal Asiatic Society, 50,* 1–59.

Royal Botanic Gardens, Kew. (2024). *History of the Herbarium.* https://www.kew.org/herbarium

Royal Botanic Gardens, Kew. (n.d.). Richard Spruce Papers (RSP). *CalmView.* Retrieved September 7, 2025, from https://www.calmview.co.uk/Kew/CalmView/record/catalog/RSP

Royal Horticultural Society. (1879). "New plants & certificated by the Floral Committee,

1878." *Journal of the Royal Horticultural Society, 5,* 94.

Rut, G., Krupa, J., Miszalski, Z., Rzepka, A., & Ślesak, I. (2008). "Crassulacean acid metabolism in the epiphytic fern Platycerium bifurcatum." *Photosynthetica, 46,* 156–160.

Sanusi, R. (2011). "Responses of Platycerium coronarium (Koenig.) Desv. and Platycerium bifurcatum (Cav.) C. Chr. to light and water stress in nursery environment." *Universiti Putra Malaysia.*

Schneider, H., & Kreier, H. P. (2006). "Phylogeny and biogeography of the staghorn fern genus Platycerium (Polypodiaceae, Polypodiidae)." *American Journal of Botany, 93*(2), 217–225.

Schröder, C. N. (2023). "Plant exchange networks in the 19th century – 200 years of citizen science." *Bauhinia, 29,* 41–51.

Schweinfurth, G. (1871). *Bericht über die botanischen Ergebnisse der ersten Niam-Niam-Reise: Januar–Juli 1870, 361.*

Sibree, J. (1880). *Madagascar before the Conquest.* London: Religious Tract Society.

Smith, J. (1841). "Enumeratio Filicum Philippinarum; or a Systematic arrangement of the ferns collected by H. Cuming, Esq., F. L. S., in the Philippine Islands and the Peninsula of Malacca, between the years 1836 and 1840." *Journal of Botany, 3,* 392–422.

Spruce, R., & Wallace, A. R. (1908). *Notes of a botanist on the Amazon & Andes.*

Stafleu, F. A., & Cowan, R. S. (1986). *Taxonomic literature: A selective guide to botanical publications and collections with dates, commentaries and types* (Vol. 6, Sti–Vuy; 2nd ed.). Bohn, Scheltema & Holkema.

State of Queensland (Department of Environment and Science). (2021). *Wet Tropics of Queensland World Heritage Area: Strategic Overview.*

Swartz, O. (1797). *Flora Indiae Occidentalis: aucta atque illustrata, sive descriptiones plantarum in prodromo recensitarum. Erlangen: Jo. Jacobi Palmii; London: B. White and Son.*

Swartz, O. (1801). *Genera et species filicum ordine systematico redactarum. Journal für die Botanik (Schrader), 1800*(2), 11.

Swartz, O. (1806). *Synopsis filicum carumque generum ad examinationem revocata. K. Palmblad.*

Swinscow, T. D. V. (1972). "Friedrich Welwitsch, 1806–72. A centennial memoir." *Biological Journal of the Linnean Society, 4*(3), 269–289.

Tardieu-Blot, M. L. (1959). "Sur les 'Platycerium' de Madagascar." *Notulae Systematicae, 15*(4), 417–420.

The Angiosperm Phylogeny Group, Chase, M. W., Christenhusz, M. J. M., Fay, M. F., Byng, J. W., Judd, W. S., ⋯ Stevens, P. F. (2016). "An update of the Angiosperm Phylogeny Group classification for the orders and families of flowering plants: APG IV." *Botanical Journal of the Linnean Society, 181*(1), 1–20.

The Florist, Fruitist, and Garden Miscellany. (1859). Volume 1859. London: Chapman and Hall.

The Gardeners' Chronicle. (1875). "Royal Botanic Society of London: Second summer exhibition, June 16." *The Gardeners' Chronicle: A Weekly Illustrated Journal of Horticulture and Allied Subjects, 3* (new ser.), 778.

Thiébaut, M. (2019). "Prince Bonaparte's Herbarium." *Napoleon.Org*. https://www.napoleon.org/en/history-of-the-two-empires/objects/prince-bonapartes-herbarium

Turland, N. J., Wiersema, J. H., Barrie, F. R., Greuter, W., Hawksworth, D. L., Herendeen, P. S., ⋯ Smith, G. F. (2018). *International Code of Nomenclature for algae, fungi, and plants (Shenzhen Code) adopted by the Nineteenth International Botanical Congress Shenzhen, China, July 2017. Regnum Vegetabile 159.* Glashütten: Koeltz Botanical Books.

Underwood, L. M. (1905). "The Genus Alcicornium of Gaudichaud." *Bulletin of the Torrey Botanical Club, 32*(11), 587–596.

UPOV. (2024). *The International Union for the Protection of New Varieties of Plants.* https://www.upov.int/overview/en/index.html

Vail, R. (1984). *Platycerium Hobbyist's Handbook.* Rev. December 3, 2002.

Vail, R. (2001). The Vail theory. *The Fiddlehead Forum, 28*(1).

Veitch, J. H. (1906). *Hortus Veitchii: A History.*

Wallich, N. (1828). *Numerical list of dried specimens of plants in the Museum of the Honl. East India Company, 2.*

Wang, K., Duan, J., Ding, Y., Xiang, J., & Liu, H. (2021). "The complete chloroplast genome of Platycerium wallichii (Polypodiaceae), an endangered and ornamental fern species." *Mitochondrial DNA B Resour, 6*(8), 2313–2315.

Water Quality for Crop Production. (2024). *UMass Extension Greenhouse Crops and Floriculture Program*. https://ag.umass.edu/greenhouse-floriculture/greenhouse-best-management-practices-bmp-manual/water-quality-for-crop-production

Wildeman, E. (1905). *Mission Emile Laurent (1903–1904), 1*.

Wilks, W. (1896). "Floral Committee May 19 1896 Temple Gardens." *Journal of the Royal Horticultural Society, 20*.

Willemet, P. P. Rémi François de. (1796). *Neue Annalen Der Botanick [P. Usteri, Ed.]. Zwölftes Stück, 12*, 61.

WWF. (2023). *Madagascar dry deciduous forests. World Wildlife Fund*. https://www.worldwildlife.org/ecoregions/at0202

Zona, S., & Christenhusz, M. (2015). "Litter-trapping plants: Filter-feeders of the plant kingdom." *Botanical Journal of the Linnean Society, 179*, 554–586.

농림축산검역본부. (2024). 식물검역온라인민원시스템: 검역통계. https://okminwon.pqis.go.kr/minwon/information/statistics.html

수도법 시행규칙 [시행 2024. 8. 17.] [환경부령 제1113호, 2024. 8. 16., 일부개정]

최세웅. (2001). 분지론의 과거, 현재, 미래: Past, present and future of the Cladistics. BRIC View.

후주

1 Griffin, 1961

2 Turland et al., 2018

3 Linné, 1753

4 Hennipman & Roos, 1982

5 Hoshizaki, 1990

6 Vail, 2001

7 Hennipman & Roos, 1982; Zona & Christenhusz, 2015

8 Hennipman & Roos, 1982

9 Rut et al., 2008

10 Holtum & Winter, 1999

11 Sanusi, 2011

12 Plukenet, 1705

13 *Platycerium angustatum* Desv., Mém. Soc. Linn. Paris 6(3): 213 (1827)

14 Desvaux, 1827

15 Hoshizaki, 1972

16 Hennipman & Roos, 1982

17 Brink et al., 1992

18 Schneider & Kreier, 2006

19 Underwood, 1905; Regnard, 1941

20 *Acrostichum alcicorne* P. Willemet, Ann. Bot. (Usteri) 18: 61 (1796)

21 Willemet, 1796

22 *Acrostichum alcicorne* Sw., J. Bot. (Schrader) 1800(2): 11 (1801), nom. illeg.

23 Swartz, 1801 / Journal für die Botanik 제2권 제1호는 권두에 1801년 이라고 인쇄되어 있었지

만, 인쇄와 배포가 지연되어 실제 독자들에게 출간된 시점은 1802년이었다. 학명과 관련된 내용을 인용할 때는 ICN의 명명 규약 상 실제 배포 시점을 기준으로 해야 하므로, 본문에서는 1802년으로 인용한다.

24 Swartz, 1797; Galloway, 2013

25 Swartz, 1801

26 Swartz, 1806

27 *Acrostichum stemaria* P.Beauv., Fl. d'Oware 1: 2, t.2 (1804)

28 Palisot de Beauvois, 1804

29 *Platycerium alcicorne* (P.Willemet) Desv., Mém. Soc. Linn. Paris 6: 213 (1827)

30 *Platycerium stemaria* (P.Beauv.) Desv., Mém. Soc. Linn. Paris 6(3): 213 (1827)

31 Desvaux, 1827

32 *Alcicornium* Gaudich., Voy. Uranie [Freycinet] 48 (1826).

33 *Neuroplatyceros* (Endl.) Fée, Mém. Foug., 2. Hist. Acrostich. 25 (1845)

34 *Platycerium vassei* Poiss., Rev. Hort. (Paris) 82: 530 (1910)

35 Poisson, 1910

36 De Joncheere, 1967

37 Morton, 1970

38 Hoshizaki, 1972

39 de Joncheere, 1974

40 Hoshizaki & Price, 1990

41 Golding, 2002

42 Vail, 1984

43 Spruce & Wallace, 1908

44 Underwood, 1905

45 Royal Botanic Gardens, n.d.

46 Endersby, 2008

47 *Platycerium andinum* Baker, Ann. Bot. (Oxford) 5(4): 496 (1891)

48 Baker, 1891

49 *Alcicornium andinum* Underw., Bull. Torrey Bot. Club 32: 593 (1905)

50 Underwood, 1905

51 Fernandez & Vail, 2003

52 Zona & Christenhusz, 2015

53 *Acrostichum bifurcatum* Cav., Anales Hist. Nat. 1: 105(1799)

54 Cavanilles, 1799

55 *Alcicornium vulgare* Gaudich., Voy. Uranie [Freycinet] 307 (1828)

56 Gaudichaud, 1828

57 *Alcicornium bifurcatum* Underw., Bull. Torrey Bot. Club 32: 594 (1905)

58 Underwood, 1905

59 *Platycerium bifurcatum* (Cav.) C.Chr., Index Filic. 496 (1906)

60 Christensen, 1906

61 Hoshizaki, 1975

62 농림축산검역본부, 2024

63 Hughes, 1984

64 Hughes, 1984

65 Pemberton, 2003

66 *Osmunda coronaria* D.Koenig ex O.F.Müll., Naturforscher (Halle) 21: 107, t.3 (1785)

67 Müller, 1785

68 *Acrostichum biforme* Sw., J. Bot. (Schrader) 1800(2): 11 (1801)

69 Swartz, 1801

70 *Platycerium coronarium* (D.Koenig ex OFMüll.) Desv., Mém. Soc. Linn. Paris 6(3): 213 (1827)

71 Desvaux, 1827

72 *Alcicornium coronarium* Underw., Bull. Torrey Bot. Club 32: 594 (1905)

73 Underwood, 1905

74 *Platycerium platylobum* Bidin & R.Jaman, Gard. Bull. Singapore 39(2): 149 (1987)

75 Bidin & Jaman, 1987

76 Bidin, 1985

77 Julie et al., 2006

78 InforMEA, 2017

79 Julie et al., 2006

80 Gardening Platyceriums, 2009

81 British Museum et al., 1896

82 Albuquerque et al., 2009

83 *Platycerium angolense* Welw. ex Hook., Syn. Fil. (Hooker & Baker) 425 (1868)

84 Swinscow, 1972

85 Hooker & Baker, 1868

86 *Platycerium aethiopicum* Hook., Gard. Ferns t.9 (1862)

87 Hooker, 1862

88 Swinscow, 1972

89 *Platycerium elephantotis* Schweinf., Bot. Zeitung (Berlin) 29: 361, fig. (1871)

90 Schweinfurth, 1871

91 Hoshizaki, 1972

92 Morton, 1970

93 de Joncheere, 1974

94 Hennipman & Roos, 1982

95 Baker, 1891

96 Endersby, 2008

97 Royal Botanic Gardens, 2024

98 Cameron, 2000

99 Ellis, 1858

100 Hooker, 1860

101 *Platycerium ellisii* Baker, J. Linn. Soc., Bot. 15: 421 (1876)

102 Griffin, 1961

103 Baker, 1876

104 Vail, 1984

105 *Acrostichum grande* A.Cunn. ex Hook., Bot. Misc. 1: 240 (1830)

106 Fraser, 1830

107 Hooker, 1830

108 *Platycerium biforme* (Sw.) Blume, Fl. Javae Fil., 14: t.18 (1828)

109 *Platycerium grande* (A.Cunn. ex Hook.) J.Sm., J. Bot. (Hooker) 3: 402 (1841)

110 Smith, 1841

111 *Neuroplatyceros grandis* Fée, Mém. Foug., 2. Hist. Acrostich. 103 (1845)

112 Fée, 1844–1845

113 *Platycerium grande* (Fée) Kunze, Linnaea 23(3): 274 (1850)

114 Kunze, 1850

115 *Platycerium superbum* de Jonch. & Hennipman, Brit. Fern Gaz. 10: 114, f.4,5 (1970)

116 De Joncheere & Hennipman, 1970

117 Hoshizaki, 1977

118 Darnaedi & Clayton, 2020

119 Cherie & Charissa, 2020

120 InforMEA, 2017

121 Hill, 1874

122 Dowe, 2016

123 Veitch, 1906

124 Domin, 1915

125 *Platycerium hillii*, T.Moore, Gard Chron. n.s., 10: 51, f. 6 (1878)

126 Moore, 1878

127 Moore, 1878; Royal Horticultural Society, 1879

128 Dowe, 2016

129 Bailey, 1880

130 *Platycerium bifurcatum* var. *hillii* (T.Moore) Domin, Biblioth. Bot. 85: 197, Textfig. 46 (1915)

131 Domin, 1915

132 Hoshizaki, 1977

133 State of Queensland (Department of Environment and Science), 2021

134 Vail, 1984

135 *Platycerium holttumii* de Jonch. & Hennipman, Brit. Fern Gaz. 10: 116, f.1–3, t.12 (1970)

136 De Joncheere & Hennipman, 1970

137 Hennipman & Touw, 1966

138 Lee, 2016

139 Howard, 1994

140 Schneider & Kreier, 2006

141 *Ophioglossum pendulum* L., Sp. Pl., ed. 2. 2: 1518(1763)

142 Lang, 1902

143 Vail, 1984

144 Baker, 1876

145 Sibree, 1880

146 Dorr, 2019

147 Baker, 1876

148 Dorr, 2019

149 *Platycerium madagascariense* Baker, J. Linn. Soc., Bot. 15: 421 (1876)

150 Baker, 1876

151 Baker, 1887

152 Ellis, 1858

153 Hennipman & Roos, 1982

154 *Albizia gummifera* (J.F.Gmel.) C.A.Sm., Bull. Misc. Inform. Kew 1930(5): 218 (1930)

155 Rasmussen & Rasmussen, 2018

156 Hennipman & Roos, 1982; Zona & Christenhusz, 2015

157 *Eulophia pardalina* (Rchb.f.) MWChase & Schuit., Phytotaxa491 (1): 53 (2021); 1976~2021년 동안 심비디엘라속(*Cymbidiella* Rolfe)으로 분류되었다.

158 Hennipman & Roos, 1982; Cribb & Hermans, 2007

159 Zona & Christenhusz, 2015

160 Vail, 1984

161 GDWQ, 2022

162 수도법 시행규칙, 2024

163 Water Quality for Crop Production, 2024

164 *Platycerium bifurcatum* var. *quadridichotoma* Bonap., Notes Pteridol. 4: 84 (1917)

165 Bonaparte, 1917

166 Grandidier, 1924

167 Thiébaut, 2019; Schröder, 2023

168 *Platycerium quadridichotomum* (Bonap.) Tardieu, Notul. Syst. (Paris) 15: 420, t.1(3-5) (1959)

169 Tardieu-Blot, 1959

170 Stafleu & Cowan, 1986

171 WWF, 2023

172 Tardieu-Blot, 1959

173 Ridley, 1908

174 Hamilton, 1922

175 Ridley, 1908

176 Britannica, n.d.

177 Christ, 1910

178 *Platycerium biforme* var. *erecta* Ridl., J. Straits Branch Roy. Asiat. Soc. 50: 56 (1908)

179 Ridley, 1908

180 *Platycerium coronarium* var. *cucullatum* Alderw., Bull. Dép. Agric. Indes Néerl. 18: 25.(1908)

181 Alderwerelt van Rosenburgh, 1908

182 *Platycerium ridleyi* Christ, Ann. Buit. II. Suppl. III: 8, t.2 (1909)

183 Christ, 1910

184 Hennipman & Roos, 1982

185 *Lecanopteris Reinw.*, Flora 8(2, Beil.): 48 (1825)

186 *Lecanopteris crustacea* Copel., Univ. Calif. Publ. Bot. 12: 406 (1931)

187 Franken & Roos, 1982

188 Haufler et al., 2003

189 Gay, 1993

190 Palisot de Beauvois, 1804

191 *Platycerium stemaria* (P.Beauv.) Desv., Mém. Soc. Linn. Paris 6(3): 213 (1827)

192 Desvaux, 1827

193 Palisot de Beauvois, 1814

194 Dubois, 2005

195 Merrill, 1936

196 Palisot de Beauvois, 1804

197 Fée, 1844–1845

198 Morton, 1970

199 Hoshizaki, 1972

200 Hoshizaki, 1977

201 Wildeman, 1905

202 Wildeman, 1905

203 *Platycerium stemaria* var. *laurentii* De Wild., Mission Émile Laurent 1: 12, fig. 2 (1905)

204 Wildeman, 1905

205 Hennipman & Roos, 1982

206 De Joncheere & Hennipman, 1970

207 Vail, 1984

208 Zona & Christenhusz, 2015

209 Hennipman & Roos, 1982

210 Wilks, 1896

211 Veitch, 1906

212 *Alcicornium veitchii* Underw., Bull. Torrey Bot. Club 32: 596 (1905)

213 Underwood, 1905

214 *Platycerium veitchii* (Underw.) C.Chr., Index Filic. 497 (1906)

215 Christensen, 1906

216 *Platycerium bifurcatum* subsp. *veitchii* (Underwood) Hennipman & M.C.Roos, Monogr. Fern Genus *Platycerium* (Polypodiac.) 91 (1982).

217 Hennipman & Roos, 1982

218 Hennipman & Roos, 1982

219 Hietz, 2010; Hevly, 1963

220 Hooker, 1858

221 Moore, 1875

222 *Platycerium wallichii* Hook., Gard. Chron. 1858: 765 (1858)

223 Hooker, 1858

224 Prakash, 2016

225 *Acrostichum fuciforme* Wall., Numer. List [Wallich] n. 20 (1828)

226 Middleton et al., 2019; Wallich, 1828

227 Hooker, 1830

228 The Florist, Fruitist, and Garden Miscellany, 1859

229 Wang et al., 2021

230 De Joncheere, 1968

231 *Platycerium wandae* Racib., Bull. Int. Acad. Sci. Cracovie 58 (1902)

232 Raciborski, 1902

233 Köhler & Zemanek, 2018

234 Köhler & Zemanek, 2018

235 *Platycerium wilhelminae-reginae* Alderw., Bull. Dépt. Agric. Indes Néerl. 18: 24 (1908)

236 Alderwerelt van Rosenburgh, 1908

237 De Joncheere, 1968

238 Hoshizaki, 1977

239 Hennipman & Roos, 1982

240 Praptosuwiryo, 2017

241 Hoshizaki, 1977

242 De Kerchove de Denterghem et al., 1873

243 *Platycerium willinckii* T.Moore, Gard. Chron. n.s., 3: 301, f. 56 (1875)

244 Moore, 1875

245 The Gardeners' Chronicle, 1875

246 *Platycerium bifurcatum* subsp. *willinckii* (T.Moore) Hennipman & M.C.Roos, Monogr. fern genus *Platycerium* (Polypodiac.) 92 (1982)

247 Hennipman & Roos, 1982

용어 후주

1 **통속명**通俗名, vernacular name 〈조류, 균류 및 식물에 대한 국제명명규약International Code of Nomenclature for algae, fungi, and plants, ICN〉에 의해 명명된 학명이 아닌 특정 생물에 대해 일반 사람들이 사용하는 일상적인 이름으로 지역적, 문화적, 언어적 차이에 따라 다를 수 있다.

2 **아종**亞種, subspecies 지리적, 환경적, 또는 기타 조건에 의해 원종과 유전적, 형태적 차이를 보이는 종 아래 분류.

3 **육종가**育種家, plant breeder 식물의 품종 개량을 위해 다양한 방법을 사용하여 새로운 품종을 개발하는 전문가를 말한다. 육종가는 유전자를 선택적으로 조작하거나 교배를 통해 식물의 유전적 특성을 개선하는 작업을 수행하며 품종의 생산성, 내병성, 내한성, 관상성 등을 향상시킨다.

4 **품종**品種, variety/cultivar 품종은 분류학적 측면과 법률적 측면에서 두 가지 의미로 구분된다. 분류학적으로는 종의 하위 단위인 아종보다 낮은 분류 단위를 말하며 변이종variety을 의미한다. 법률적 측면에서는 '국제 식물 신품종 보호 연맹UPOV' 협약 에 따른 법적 용어로 인간이 원하는 특성을 위해 개량된 일종의 재배식물을 말하며 재배품종cultivar을 의미한다.

5 **계통분류학**phylogenetic systematics 생물다양성을 연구하기 위해 특정 기준에 따라 계통적 체계를 세우는 생물학의 한 분야다. 계통분류는 방법론적 측면에서 크게 표현론 전형질적 방법_Phenetics 과 분지론분계적 방법_Cladistics 으로 나뉜다. 최세웅, 2001 . 표현론은

생물의 형질에 대한 유사성에 근거하여 분류하는 고전적인 방법이다. 분지론은 단계통성통상 어떤 1군의 생물이 같은 조상으로부터 유래한다는 것에 근거하여 공통 조상으로부터 파생된 후손 생물들을 함께 묶어 분류하는 방법이다. 1970년대부터 1980년대 초반까지 표현론과 분지론을 옹호하는 학자들 간 치열한 논쟁이 있었지만 표현론의 경우 형질의 유사성을 입증하기 위해 많은 형질을 찾아내야 한다는 제약과 변이나 진화의 결과로 나타난 다양한 비 상동 유사성을 구별하지 못한다는 문제로 1980년 중반 이후 쇠퇴 하였다. PC의 보급으로 분지론을 적용한 계통 확인 프로그램 Hennig 86 Farris, 1988의 개발로 1990년대 초반은 분지론의 전성기가 되었다 Giribet, 2005. 단계통성 개념을 이용하여 상위 분류군을 정의하는 것은 분류학에 진화의 개념을 포함시켰다는 것으로, 분지론이 계통분류학에서 일구어낸 큰 업적이라 할 수 있다. 최근에는 생물체에서 획득한 분자 형질을 이용하여 생물간 계통을 연구하는 '분자계통학 Molecular phylogenetics'이 빠르게 발전하고 있고 분자계통학이 발전함에 따라 전통적인 방식으로 분류 되었던 수많은 생물의 분류군이 사라지거나 통합되고 다시 나누어지는 등 새롭게 분류되고 있다. 속씨식물의 경우 속씨식물 계통연구 그룹 Angiosperm Phylogeny Group, APG에서 APG분류체계를 APG 1998년, APG II 2003년, APG III 2009년, APG IV 2016까지 발표하며 속씨식물 분류군에 대한 정확한 기준을 정립하려 노력하고 있는 반면 APG IV, 2016 양치식물의 경우 아직도 많은 곳에서 형태학 기반의 엥글러 분류체계를 사용하고 있다. 하지만 최근 들어 APG와 같이 분자계통학을 기반으로 하는 양치식물 분류에 대한 연구가 활발히 진행되고 있어 논문에 국한되지 않은 광범위한 식물 데이터베이스를 활용한 복합적인 분류 시스템들이 개발되고 있다.

6 〈조류, 균류 및 식물에 대한 국제명명규약 International Code of Nomenclature for algae, fungi, and plants, ICN〉 남조류를 포함하여 화석, 비화석 관계없이 조류, 균류 또는 식물로 취급되는 모든 유기체의 과학적 명명을 관리하는 국제적 원칙 및 권고 사항으로, 명명규약은 1부 원칙, 2부 규약과 권고 사항, 3부 규약 수정에 관한 규정과 부록 등이

로 구성되어 있다. 2011년 이전에는 〈국제식물명명규약International Code of Botanical Nomenclature, ICBN〉으로 불렸으며 1867년 '식물 명명법의 법칙Lois de la nomenclature botanique'을 시작으로 2018년 '심천코드'에 이르기까지 총 19개의 버전을 거치며 변경되었다. 규약의 변경은 국제식물학회International Botanical Congress와 국제식물분류학회International Association for Plant Taxonomy에서만 가능하다.

7 **세계생물다양성정보기구**Global Biodiversity Information Facility, GBIF 인터넷 웹서비스를 통해 전 세계 생물다양성 정보를 공유하고 개방하는 국제 협력 네트워크로 1999년 경제협력개발기구OECD 과학기술정책위원회에서 개방형 생물다양성 데이터 인프라 구축을 제안하였고 이에 따라 2001년 세계생물다양성정보기구가 공식 출범하였다. 전 세계 생물 표본, 관찰 기록, 유전자 데이터 등 다양한 생물다양성 정보를 통합하는 온라인 플랫폼을 지원한다.

8 **국제식물명색인**International Plant Names Index, IPNI 식물 학명의 표준화 및 학명 정보 제공을 목적으로 2000년 큐 왕립식물원Royal Botanic Gardens, Kew, 하버드대학교식물표본관Harvard University Herbaria, 호주국립식물표본관Australian National Herbarium의 협력을 통해 설립된 식물 학명 데이터베이스로 식물의 최신 분류 정보에 대한 업데이트가 빠르게 반영되고 있는 세계 최고 수준의 온라인 플랫폼이다.

9 **국가자연사연구정보시스템**Korean Natural History Research Information System, NARIS 대한민국의 국내 자연사 관련정보 통합 데이터베이스로 2001년 대한민국이 세계생물다양성정보기구GBIF에 회원국으로 가입함에 따라 2004년 개발된 GBIF 연계 시스템이다. 분산된 국내 자연사 관련정보를 통합하여 데이터베이스로 연계 구축하는 온라인 플랫폼이다.

10 **엥글러 분류체계**Engler system 독일 식물학자 하인리히 구스타프 아돌프 엥글러 Heinrich Gustav Adolf Engler에 의해 고안되었고 1892년 그가 편찬한 《특수 및 의약-약학적 식물학 강의 계획서Syllabus der Vorlesungen über specielle und medicinisch-pharmaceutische Botanik》Engler, 1892와 독일 식물학자 칼 안톤 오이겐 프란틀Karl Anton Eugen Prantl과 함께 출간한 《자연 식물군Die Natürlichen Pflanzenfamilien》Engler & Prantl, 1887-1899을 통해 식물의 형태학, 해부학 및 지리학에 대한 정보를 통합하여 속 수준까지 분류 및 설명을 제공한 근대 식물 분류체계이며 최초의 식물 분류체계인 아이클러 분류체계Eichler system에 기반을 두고 있다.

11 **NCBI분류체계**National Center for Biotechnology Information Taxonomy, NCBI taxonomy 생물 종을 진화적 관계를 기반으로 분류하는 시스템으로 1988년 설립된 미국 국립보건원National Institutes of Health, NIH 산하 국립 생명공학 정보 센터National Center for Biotechnology Information, NCBI에서 개발되었고 주로 생물학적 데이터베이스와 관련된 다양한 유전자 서열과 분류학적 정보를 통합하고 정리하는 데 사용된다. 특히, 생물 종의 분류학적 관계를 정확하게 제시하기 위해 최근 세계 여러 기관의 분류 시스템에 사용되고 있다.

12 **구근식물**bulbous plants 다양한 저장 조직을 통해 영양분을 저장하고 번식하는 식물을 통칭한다. 구근식물은 크게 인경鱗莖, bulb, 구경球莖, corm, 근경根莖, rhizome, 괴근塊根, tuberous root, 괴경塊莖, tuber 식물로 분류된다.

인경식물 우리말로 비늘줄기라고 하며, 여러 겹의 비늘scales로 구성된 줄기 저장 조직을 가진 식물이다. 주로 겨울철이나 불리한 환경에서 영양분을 저장하고 휴면하며, 봄에 새싹을 틔우며 자라난다. 인경에서 발생하는 새끼를 자구bulblet라고 하며, 대표적인 식물로 튤립, 백합, 히아신스 등이 있다.

구경식물 우리말로 알줄기라고 하며, 단단한 덩어리 형태의 줄기 저장 조직을 가진 식물이다. 구경은 여러 겹의 비늘을 가진 인경과는 달리, 단단한 덩어리로 구성된 저장 조직을 가진다. 여름과 가을에 식물의 생장이 끝나고 휴면 상태에서 영양분을 저장하며, 새로운 싹은 구경의 꼭대기에서 발아한다. 구경에서 발생하는 새끼를 자구cormlet라고 하지만, 인경의 자구와는 구별된다. 대표적인 식물로 토란, 글라디올러스 등이 있다.

근경식물 우리말로 뿌리줄기라고 하며, 뿌리와 줄기가 결합된 형태로 수평으로 자라는 줄기를 가진 식물이다. 근경은 땅 속에서 수평으로 자라며, 위로는 잎과 꽃을, 아래로는 뿌리를 내기 때문에, 번식과 생장에 중요한 역할을 한다. 근경에서 발생하는 새끼를 오프셋offset 또는 측아lateral bud라고 하며, 대표적인 식물로 연꽃, 생강 등이 있다.

괴근식물 우리말로 덩이뿌리라고 하며, 영양분을 저장하는 부풀어 오른 뿌리를 가진 식물이다. 괴근에서 발생하는 새끼는 통상 새로운 괴근이라고 부른다. 대표적인 식물로 고구마, 달리아, 무 등이 있다.

괴경식물 우리말로 덩이줄기라고 하며, 땅속 줄기 일부분이 비대해져 영양분을 저장할 수 있는 구조를 가진 식물이다. 괴경에서 발생하는 새끼를 자괴경tuberlet 또는 소괴경small tuber이라고 부른다. 대표적인 식물로 감자와 돼지감자 등이 있다.

13 대형화gigantism

특정 생물이 동일한 속genus이나 근연 분류군의 다른 종에 비해 현저히 큰 개체 크기를 발달시키는 현상을 의미한다. 식물에서의 대형화는 잎, 줄기, 뿌리 등 주요 기관의 크기 확대를 통해 광합성 효율, 수분·양분 저장 능력, 경쟁 우위를 높이는 역할을 한다. 이러한 특성은 건조, 광 부족, 영양분 결핍 등 불리한 환경 조건에서도 장기간 생존할 수 있는 기반을 마련하며, 동시에 더 많은 생식 구조를 발달시켜 번식 기회를 극대화하는 장점으로 작용한다.

14 **개량**改良, improvement 식물 형질을 인간의 필요에 맞게 의도적으로 변화시키는 과정.

15 **국제식물신품종보호연맹**The International Union for the Protection of New Varieties of Plants, UPOV 식물 신품종 육성자의 권리 보호 및 식물종자 보증을 목적으로 1961년 파리 협약에 따라 설립된 국제기구이다. UPOV 협약은 1972년, 1978년, 1991년 세 차례 개정되었으며, 본부는 스위스 제네바에 위치한다. 2024년 기준 회원국은 79개국이며, 대한민국은 2002년 1월에 가입하였다.

16 **선정기준표본**lectotype 신종 또는 신아종이 최초로 기술될 당시 정기준표본이 명시되지 않았거나, 소실되었거나, 불명확하게 지정된 경우, 후속 연구자가 등가기준표본 syntype 중에서 공식적으로 하나의 표본을 선정하여 기준표본으로 지정한 것을 말한다. 선정기준표본은 해당 분류군의 학명과 연계되는 표준 실체로 기능하며, 정기준표본과 동일한 분류학적 효력을 가진다.

한편, 등가기준표본은 신종 또는 신아종이 기술될 당시 정기준표본이 명시되지 않은 경우, 원 저자가 동등한 근거로 제시한 모든 표본을 의미한다. 이러한 표본들은 각각 동등한 학명 적용 근거로 간주되며, 그 중 하나가 선정기준표본으로 지정될 수 있다. 선정기준표본은 주로 이 등가기준표본 중에서 선택되며, 이는 명명 규약에 따라 종명 적용의 안정성을 확보하기 위한 절차로 이해된다.

17 **이명**異名, synonym 동일한 분류군을 지칭하지만 정식으로 채택되지 않은 학명으로, 분류학적 혼란을 정리하고 정명을 확립하는 데 중요한 역할을 한다.

18 **큐왕립식물원**Royal Botanic Gardens, Kew 1759년 영국 왕실의 정원으로 시작하여, 18세기 말~19세기 초에는 조셉 뱅크스Sir Joseph Banks와 같은 식물학자들의 주도 아래 왕립식물원으로 발전하였다. 19세기에는 전 세계에서 수집된 식물을 집결·분류·

재배하는 대영제국 식민 과학 네트워크의 중심지로 기능했으며, 제국 확장과 더불어 식물학적 연구와 식민지 과학정책에 중요한 역할을 담당하였다. 현재 큐는 약 800만 점 이상의 식물표본을 보관한 세계 최대 규모의 표본관Herbarium과 도서관을 갖추고 있으며, ICN의 적용에 있어 기준점 역할을 수행한다. 또한 연구·보존·교육 기능을 통합한 세계적 식물학 연구기관으로, 2003년 유네스코 세계유산에 등재되었다.

19 **정명**正名, correct name 식물의 경우, 특정 식물 종에 대해 〈조류, 균류 및 식물에 대한 국제명명규약ICN〉에 따라 공식적으로 인정받은 유일하고 유효한 학명.

20 **이주**移住, colonization 생물이 새로운 지역에 도달하여 정착하고 자라는 것.

21 **침입종**侵入種, invasive species 원래 서식지가 아닌 지역에 유입되어 토착 생물의 생태계에 부정적인 영향을 미치는 생물 종을 말한다. 국제자연보전연맹International Union for Conservation of Nature, IUCN은 침입종에 대한 정의와 관리 기준을 공식적으로 제시하는 가장 권위 있는 기관으로, 산하의 종생존위원회Species Survival Commission, SSC 소속 침입생물 전문가 그룹Invasive Species Specialist Group, ISSG을 통해 세계 각국의 침입종 정보를 데이터베이스화하여 국가, 지역, 생태계 단위로 침입 위험도와 사례를 제공한다.

22 **발트 독일**Baltic Germans 중세 13세기부터 20세기 초까지 발트 해 연안지금의 에스토니아, 라트비아, 리투아니아에서 거주하며, 독일어를 사용하는 민족 집단이다. 중세 독일 기사단의 동부 확장과 함께 13세기에 이 지역에 정착하였으며, 그 후 몇 세기 동안 해당 지역의 사회적, 정치적, 문화적 영향력을 행사하였다. 그러나 20세기 초 발트 3국의 독립과 제1차 세계대전 후, 발트 독일인의 영향력은 쇠퇴하고, 이들은 대규모로 독일 본토로 이주하거나, 소련의 지배 하에 강제로 이동하거나 추방되었다. 이러한 역사적

변화는 발트 독일인의 정체성과 문화적 유산에 큰 영향을 미쳤으며, 그들의 존재는 이제 역사적인 연구의 대상이 되었다.

23 **덴마크의 식물지**Flora Danica 1753년, 덴마크의 식물학자 게오르그 외더Georg C. Oeder 의 제안으로 시작된 덴마크 왕실 주도의 대규모 식물도감 제작 프로젝트로, 덴마크 본토와 그 속령노르웨이, 아이슬란드, 그린란드 등에 자생하는 식물을 정밀한 도해와 함께 기술하여 출간하는 것을 목표로 하였다. 본 프로젝트는 1761년부터 1883년까지 122년에 걸쳐 진행되었으며, 여러 명의 주요 편집자들을 거쳐 완성되었다. 이 사업은 단순한 식물 목록 작성을 넘어, 국가의 생물 자원을 시각화하고 분류학적으로 체계화하려는 시도로 기획되었으며, 당시 유럽 식물학의 학술적 발전에 크게 기여한 대표적인 국책 출판 사업으로 평가된다.

24 **트랑케바르**Tranquebar 인도 남동부 타밀나두Tamil Nadu 주 해안에 위치한 항구 도시로, 현재는 타랑감바디Tharangambadi로 불린다. 이 지역은 17~19세기 중반까지 덴마크의 식민지였으며, 덴마크령 인도Danish India의 행정 및 선교 중심지로 활용되었다. 1620년, 덴마크는 이 지역에 단스보르 요새Fort Dansborg를 건설하고 동인도 회사를 통해 무역 거점으로 삼았으며, 1706년에는 독일 루터교 계열의 덴마크-할레 선교부Danish-Halle Mission가 파견되어 인도 최초의 개신교 선교 활동을 개시하였다. 이후 1845년, 해당 지역은 영국령 인도에 편입되며 덴마크의 통치가 종료되었다.

25 **기준표본**type specimen 신종 또는 신아종이 학계에 최초로 기술될 때, 해당 분류군의 학명을 적용하는 표준이 되는 실물 표본을 말한다. 기준표본은 해당 종의 정체성을 규정하고, 이후 모든 분류학적 해석과 비교의 기준으로 기능한다. 기준표본에는 저자가 명시적으로 지정한 정기준표본 뿐만 아니라, 정기준표본이 없거나 소실된 경우 이를 대신하여 지정되는 선정기준표본lectotype, 대체기준표본neotype, 또는 정기준표

본과 동일 개체에서 유래한 이종표본isotype 등이 포함된다. 기준표본은 반드시 원저자의 기술에 직접 사용되었거나 인용된 표본이어야 하며, 이 표본들과 연계되지 않은 자료는 그 종의 기준으로 간주되지 않는다.

26 **커밍 157**Cuming 157 1830년대 중반, 영국의 식물 수집가 휴 커밍Hugh Cuming은 자신이 채집한 식물 표본에 일련번호를 부여하였으며, 그 중 '커밍 157'은 필리핀 루손섬에서 채집한 표본으로, 현재 박쥐란속 그란데의 선정기준표본으로 지정되어 있다. 이 표본은 1961년, 호주의 식물학자 메리 틴데일Mary Tindale이 〈국제식물명명규약〉에 따라 공식적으로 선정기준표본으로 지정한 것이다. 메리 틴데일은 이후 1965년부터 2005년까지 국제 식물 분류 및 명명법 사무국International Bureau for Plant Taxonomy and Nomenclature 산하 양치식물 특별위원회의 위원으로 활동하며, 양치식물명명규약 정비에 기여하였다.

27 **동정**同定, identification 생물의 종을 분류 도감이나 수집된 표본 등과 비교하여 대상의 분류군taxon을 찾아가는 과정.

28 **선태식물**蘚苔植物, bryophytes 종자씨앗를 만들지 않고 포자로 번식하는 비관다발식물로, 이끼류, 솔이끼류, 뿔이끼류를 포함하는 식물군이다.

29 **자매 분류군**sister taxon 공통 조상으로부터 직접 분기한 두 개의 분류군을 의미하며, 서로에게 가장 가까운 진화적 관계를 갖는 집단이다. 이 두 분류군은 함께 하나의 단일 계통군monophyletic group을 구성한다.

30 **기생**寄生, parasitism 공생 관계에서 한쪽기생물은 이득을 얻고 한쪽숙주은 피해를 입는 경우.

31 **편리공생**片利共生, commensalism 공생 관계에서 한쪽은 이득을 얻고 한쪽은 아무런 이득도 실도 없는 경우.

32 **왜성**矮性, dwarfism 동일 종의 일반적인 개체에 비해 생장 크기가 현저히 작게 나타나는 특성을 말한다.

33 **사암**砂岩, sandstone 모래가 압축되고 굳어져 형성된 퇴적암의 일종으로, 다공성이 높고 통기성과 배수성이 좋아 착생식물의 생육에 유리한 기질로 작용한다.

34 **현무암**玄武岩, basalt 화산활동에 의해 분출된 용암이 빠르게 식으면서 형성된 화성암의 일종으로, 표면이 거칠고 다공질이어서 뿌리를 고정하기 좋고 일정 수준의 수분 보유 능력도 갖춘 암석이다.

35 **영국 동인도회사**East India Company 1600년 엘리자베스 1세의 허가로 설립된 영국의 무역회사로, 인도와 동남아시아 지역에서 향신료, 면화, 비단, 차, 도자기 등 아시아 상품을 독점적으로 수입하였다. 점차 무역을 넘어 군사력과 정치적 영향력을 행사하여 인도 및 아시아 대륙 지배의 토대를 마련했으며, 18세기 중반 벵골 전쟁Battle of Plassey, 1757 이후 인도의 실질적 지배자가 되었다. 1857년 인도 대반란세포이 항쟁 이후 회사의 권한은 영국 정부로 이양되었고, 1874년 해산될 때까지 약 274년 동안 대영제국 확장의 핵심 도구로 기능하였다. 같은 시기 네덜란드가 운영한 네덜란드 동인도회사VOC, 1602~1799가 향신료 무역을 중심으로 동남아시아특히 인도네시아에 기반을 둔 상업적 성격이 강했다면, 영국 동인도회사는 무역을 넘어 직접적인 식민지 지배로 나아갔다는 점에서 차이가 있다.

36 **제2차 영국-버마 전쟁**Second Anglo-Burmese War 1852년 4월부터 1853년 1월까지 영

국과 버마 제국꼰바웅 왕조 사이에서 벌어진 전쟁으로, 무역 분쟁과 영국 상인·영사관 직원에 대한 대우 문제를 명분으로 개전하였다. 그러나 실질적으로는 영국 동인도회사East India Company가 상업적·영토적 주도권 확대를 목적으로 주도한 식민지 확장 전쟁이었다. 전쟁 결과 영국은 버마 남부의 페구Pegu 지역을 병합하고 항구 도시 몰메인Moulmein과 양곤Rangoon 등 전략적 거점을 확보하여, 이후 동남아 내륙으로의 상업 진출과 식물 채집 활동을 위한 기반을 마련하였다.

37 네덜란드령 동인도의 영국 총독 Lieutenant-Governor of the Dutch East Indies $1811 \sim 1816$년 사이, 나폴레옹 전쟁으로 네덜란드가 프랑스의 지배를 받게 되자 영국이 인도네시아 지역당시 네덜란드령 동인도을 점령하면서 임명한 영국 측 최고 행정관직. 스탬포드 라플즈Stamford Raffles가 이 직책을 맡아 자바 섬을 중심으로 영국의 통치를 실시하였다. 그는 토지 제도 개혁, 농업 정책 조정, 문화·자연 조사 등을 추진했으며, 이 경험은 이후 싱가포르 개척의 기반이 되었다.

38 발달적 불안정성developmental instability, DI 생물체가 발달 과정에서 유전적·환경적 교란을 완전히 보정하지 못해 나타나는 미세한 비대칭, 불규칙성, 혹은 변이를 뜻한다. 즉, 유전자에 의해 예정된 발달 경로가 환경적 요인이나 내적 요인에 의해 미묘하게 흔들리면서 이상적인 대칭·형태가 유지되지 못하는 현상이다.

39 선별육종選別育種, selection breeding 특정 형질을 가진 개체를 선택하여 번식시키는 방법이다. 이 방식은 자연에서 나타나는 변이나 돌연변이를 이용하거나, 기존에 존재하는 형질을 강화하고자 할 때 사용된다. 우수한 형질을 가진 개체를 선택하여 교배하거나, 동일한 개체의 자손을 선별하여 점진적으로 형질을 개선해 나가는 방식이다.

MEDIA SAM GREEN LIBRARY
미디어샘의 식물책

워디언 케이스
테라리움 탄생의 비밀을 담은 식물학의 고전
테라리움의 원리를 처음 발견한 19세기 영국의 식물학자 너새니얼 B. 워드의 유일한 저작.
너새니얼 B. 워드 지음 | 이나영 옮김 | 240페이지 | 값 25,000원

글로스터의 홈가드닝 이야기
10년 홈가드닝 노하우를 한 권이 담아낸 책
우리 환경에 맞는 열대 관엽식물 키우는 노하우를 총망라한 친절한 식물실용서.
박상태 지음 | 244페이지 | 값 19,800원

실내 가드닝 DIY의 모든 것
가드닝 용품 만들기부터 가드닝 관리 팁까지
네이버 인플루언서 '글로스터'가 10여 년간 쌓아온 실내 가드닝 DIY 노하우를 담은 책.
박상태 지음 | 124페이지 | 값 15,000원

테라리움 잘 만드는 법
테라리움 제작과 유지 관리의 모든 것
테라리움의 역사와 테라리움의 원리, 테라리움 제작법에 대한 알짜 노하우를 담아낸 책.
김윤구 지음 | 136페이지 | 값 15,000원

식물의 말
100여 편의 식물의 말을 따라 쓰는 감정 치유 필사책
신주현 시인이 쓰고, 정진 정신건강의학과 전문의가 따뜻한 해설을 붙인 자연 필사책.
신주현·정진 지음 | 292페이지 | 값 22,000원

처음 식물
식물과 함께 성장한 식물집사의 공감 에세이
식물을 통해 만난 사람들의 친밀한 이야기를 담은 식물 인플루언서 아피스토의 에세이.
신주현 지음 | 248페이지 | 값 17,800원

박쥐란 원종 도감

초판 1쇄 찍음 2025년 10월 16일
초판 1쇄 펴냄 2025년 10월 23일

지은이 김현웅
그린이 신주현
펴낸이 이정희
디자인 Labi.D
마케팅 신보성
제작 (주)아트인
펴낸곳 미디어샘
등록 제311-2009-33호(2009년 11월 11일)
주소 03345 서울시 은평구 통일로 856 메트로타워 1117호
대표전화 02-355-3922 **팩스** 02-6499-3922
전자우편 mdsam@mdsam.net **블로그** www.mdsam.net

ISBN 978-89-6857-256-2 03520

• 이 도서는 저작권법에 따라 한국 내 보호를 받는 저작물이므로 무단전재와 복제를 금합니다.

• 이 도서는 2025년 문화체육관광부의 '중소출판사 도약부문 제작지원' 사업의 지원을 받아 제작되었습니다.